Réchauffement climatique

Une affaire entre la Nature et l'Homme

Michel Vieillefosse

RECHAUFFEMENT CLIMATIQUE

Une affaire entre la Nature et l'Homme

L'Harmattan

Du même auteur :

Vieillefosse M & M, *Un ticket pour l'espace*, avec Monique Vieillefosse, Belfond Sciences, Paris, 1985, ISBN 2 — 7144 1790-9

5-7, rue de l'École-Polytechnique ; 75005 Paris

http://www.editions-harmattan.fr

ISBN : 978-2-14-020577-4

EAN : 9782140205774

La déforestation détruit l'essentiel pour produire le superflu.

À Monique,

À mes huit petits-enfants, Vivian, Ondine, Chiara, Mathis, Gaspard, Nils, Chloé, Léon, pour sauver la planète.

À Jean Claude Husson, pionnier de l'observation des océans par satellite, pour son rôle dans notre compréhension du climat.

Sommaire

Introduction

Lors de la crise sanitaire de début 2020, un quart des usines de la Terre s'est arrêté ; toutes les automobiles se sont immobilisées dans les parkings. Elles avaient été désignées les principales responsables de l'augmentation du taux de CO2 dans l'atmosphère et du réchauffement climatique. Avant l'examen des données publiées par Mauna Loa à Hawaï, la référence scientifique indiscutable, je m'attendais à une chute brutale du montant de CO2. Et, j'ai découvert avec étonnement son accroissement comme jamais dans l'histoire ! De même, la température a continué de grimper. Le CO2 dégagé par nos véhicules et usines polluants est-il alors vraiment l'agent du réchauffement climatique ?

Ou bien ce dernier dépend-il d'autres sources ? Pourquoi les médias cachent-ils les événements à charge contre le réchauffement ? Parce qu'ils ne savent pas les expliquer. Une variabilité naturelle ne remet pas en cause nécessairement la hausse de température sur une longue durée. L'objectif de ce livre s'emploie à analyser, sans concessions, les phénomènes physiques.

Pourquoi la température de la Terre a-t-elle diminué de 1943 à 1978, alors que s'épanouissait une expansion industrielle importante ? Elle a augmenté de 0,9 °C depuis 60 ans. Faut-il s'en inquiéter ? Quelle est l'influence de l'homme (part anthropique) et quelle est la part naturelle ? Ne vaudrait-il pas mieux parler de fluctuation normale du climat et de réchauffement longue durée ? Que nous réservent les années à venir ? Certaines variables telles que les gaz à effet de serre ou bien le soleil décrivent des cycles parfaitement réguliers faciles à anticiper. D'autres présentent des alternances moins prévisibles. Les mêmes facteurs peuvent exprimer simultanément des périodes saisonnières et une tendance à long terme. Le premier est un phénomène naturel, le second a souvent une origine anthropique. L'appréciation alors dépend du pas de mesure utilisé.

Notre Terre est éclairée par le soleil, pourvoyeur de plus de 99 % de l'énergie de notre environnement. Apparemment, cette illumination reste stable sur de courtes durées. Remarquons qu'il a manifestement présenté, dans son histoire et sur plusieurs décennies, des variations résorbées par l'océan.

Pour que la température de notre planète demeure constante, le montant de la chaleur rejetée dans le vide spatial depuis l'atmosphère doit compenser l'énergie solaire absorbée. Deux couvertures filtrant les flux de lumière et de chaleur régulent l'équilibre : la première capte plus ou moins le rayonnement UV suivant la présence d'ozone dans la stratosphère ; la seconde diminue l'émission infrarouge, en fonction de la concentration des gaz à effet de serre, CO2 et méthane.

Le processus du refroidissement de la Terre se révèle complexe. Beaucoup de nos concitoyens ne le comprennent pas. Le cœur du système que nous examinons consiste en deux fluides turbulents, d'une part l'atmosphère et d'autre part les océans ; l'une interagissant avec l'autre. Les deux fluides existent à la surface d'une planète en rotation, éclairée de manière différentielle par le soleil : le rayonnement solaire, directement incident à l'équateur, effleure à peine les pôles. Ce chauffage inégal entraîne la circulation de l'air ; ces déplacements provoquent le transport méridional de la chaleur. Les échanges entre l'atmosphère et les océans constituent un sujet de complexité. Les océans sont des puits de carbone et de chaleur : tout en absorbant le CO2, ils captent les surplus bloqués au niveau du sol.

L'influence de l'homme sur l'écosystème s'intensifie du fait de l'augmentation de sa population ; son impact est lié à la souveraineté des états souvent incités à prendre de mauvaises décisions ou pas de mesure du tout.

Sous quelle forme l'activité humaine contribue-t-elle au réchauffement climatique ? La valeur de l'accroissement de température est-il entaché d'une incertitude ? Quelle part est anthropique, et quelle part est naturelle ? Observons-nous un échange des deux ?

Le réchauffement de la Terre dépend principalement de cinq facteurs :

- L'évacuation de la chaleur solaire dans le vide spatial
- L'absorption des UV suivant le taux d'ozone
- La capacité de stockage des océans
- La capacité des pôles à stocker le froid
- Les dégradations produites par l'homme : urbanisation, déforestation

Le CO2 a régné sur la Terre bien avant l'arrivée de l'eau et de l'homme. De combien son taux a-t-il été directement modifié par les émissions anthropiques ou naturelles ? Qui pilote le climat ? Le CO2 ou la température ? Le réchauffement est-il dû au blocage des infrarouges à haute altitude par les gaz à effet de serre ? Ou bien est-il provoqué par d'autres paramètres, et alors la solubilité du CO2 dans les océans varie-t-elle en fonction de la température ?

Tous les gaz à effet de serre produisent-ils un impact identique ? Nous avons créé une grande confusion en introduisant la notion d'« équivalent du CO2 ». Les divers gaz ne présentent pas le même effet. Ils montrent des hétérogénéités dans leur durée de vie dans l'atmosphère, leurs origines proviennent de sources différentes. La capacité à lutter contre leurs influences paraît très variable : facile pour certains, difficile pour d'autres. Compte tenu de la raréfaction de nos ressources financières due à la crise sanitaire, quelle action avons-nous à conduire en priorité pour baisser le réchauffement ?

Le système global ne se réduit pas à l'atmosphère. Deux interfaces interviennent : le vide d'un côté et la surface de la Terre de l'autre. C'est là où surgissent les difficultés de compréhension et de désaccord.

Une clarification entre la température de l'air et celle des océans est à introduire : quand nous parlons de température, est-ce une hausse de la mesure atmosphérique ou de celle des mers ? Les océans, comparés à l'atmosphère, présentent deux caractéristiques leur conférant un rôle crucial sur l'influence climatique :

- Leur capacité thermique dépasse de 1 000 fois celle de l'air et leur permet de stocker l'essentiel du flux radiatif solaire et du surplus d'énergie générée par les activités humaines.
- Ils sont affectés d'une dynamique beaucoup plus lente que l'air et d'une inertie thermique très grande ; ils mémorisent plus durablement, à des échelles de temps compatibles avec la variabilité climatique, les perturbations (ou anomalies) encaissées.

La durée de réaction de 90 jours dans l'atmosphère devient 10 ans dans les océans. La différence de vitesse d'adaptation entre les mers et l'air rend leur dialogue difficile à interpréter.

Les simulations utilisées dans les années soixante suffisaient à expliquer les fluctuations de la température de la Terre. Depuis, un changement important s'est produit : l'absorption de la chaleur par les océans ; ce phénomène modifie profondément la modélisation. Le puits de chaleur des océans capte une part du réchauffement et forme un tampon thermique.

C'est surtout au sol qu'intervient l'action de l'homme : minéralisation des villes métamorphosées en îlots de chaleur, imperméabilisation des surfaces, destruction de la forêt équatoriale et de sa capacité de refroidissement par évaporation. Cette altération de l'état des surfaces éclairées ne présente -t-elle pas un impact supérieur à celui établi par les gaz à effet de serre ? De quelle ampleur ? Les débats actuels négligent le rôle de l'évaporation sur le refroidissement naturel de la Terre. L'activité industrielle, en changeant l'affectation des sols, entrave l'évaporation normale. Cette intervention crée un échauffement de notre planète, d'un niveau plus élevé que les effets de serre. Les îlots de chaleur de nos villes et de nos forêts s'étendent par étapes. La nature disperse leurs impacts thermiques jusqu'au pôle. La situation commence à se présenter de plus en plus alarmante.

Aujourd'hui, le réchauffement accru de l'Arctique devient un sujet préoccupant. La zone arctique connaît la hausse de température la plus importante de la planète. Nous pourrions penser que la chaleur latente de la glace s'interpose... nous assistons à un effet amplificateur.

L'originalité de ce livre vient de la comparaison des différentes actions anthropiques sur le réchauffement, et donc d'une hiérarchisation des décisions à prendre. Les conséquences de la déforestation deviennent le sujet le plus préoccupant.

Les enjeux politiques et économiques ont passionné le débat. Faisons la part entre des informations avérées, mesurées et les projections incertaines des simulations. C'est là notre souci essentiel. Dans ce débat, on ne peut présenter des modèles appliqués aux années passées, affichant des écarts de 50 à 100 % à la réalité. Plutôt qu'étudier leurs mérites, suivant des données en entrée non représentatives de l'existant, nous devons observer minutieusement les relevés de température enregistrés depuis de nombreuses années. L'analyse de trois sites, Hawaï, Beijing, Manaus, révèle des anomalies respectives de température de 0,4 °C, 1,9 °C, 1,5 °C depuis 1960. Des écarts aussi importants, en contradiction avec le brassage atmosphérique, doivent nous interpeller. Ont-ils une cause unique ?

Au cours des années récentes, nous avons accompli des progrès considérables en matière de pureté de l'air et de préservation de la couche d'ozone. Pourquoi ne pas les reproduire sur le réchauffement ? Faute d'un bon diagnostic scientifique, les décisions les plus urgentes sont en panne.

Tentons d'expliquer d'une part le réchauffement, d'autre part le refroidissement de la Terre, puis l'action des gaz à effet de serre, l'interface complexe température-CO2, les conséquences de l'altération de nos sols. Notre étude compare les contributeurs à l'équilibre thermique de la Terre.

Nous conclurons par les initiatives essentielles pour limiter les déséquilibres potentiels générés par les humains. Le diagnostic juste permet de dresser une vision optimiste du futur.

Le CO2 ne rend pas compte du réchauffement climatique. La température moyenne du globe non plus ; elle aplatit trop les hétérogénéités. Observer région par région voir ce qui s'y passe se révèle indispensable. Pour analyser scientifiquement les causes du réchauffement, mener l'enquête s'est avéré nécessaire. Cette investigation nous invite à parcourir le monde, à voyager en ballon dans la troposphère à 8 km et même dans la stratosphère à 30 km d'altitude, à visiter le bassin Sichuan dans le sud-ouest de la Chine. Arpenter la Californie, Hawaï, la jonction des quatre états aux États-Unis, le gyre de Beaufort sous l'océan Arctique, et terminer dans les forêts du Laos, de l'Amazonie. Notre recherche se conclut dans les laboratoires des entreprises innovantes. C'est aussi le récit de l'identification des coupables sur la planète. Cette analyse nous a conduits à enquêter avec rigueur. Objectif : la mise en évidence de phénomènes naturels, en remontant le temps. Le début du changement climatique date de 1980.

Que s'est-il passé à cette période ?

Chapitre 1

L'équilibre thermique de la Terre

L'énergie solaire est transmise par le rayonnement solaire. Elle rend possible la vie sur Terre par apport de lumière, et de chaleur. La température de notre planète est contrôlée par la vapeur d'eau, par des gaz non condensables, principalement du dioxyde de carbone, et des contributions plus faibles de méthane, protoxyde d'azote et d'ozone. Elle est restée à un niveau suffisamment chaud pour que la civilisation humaine se développe au cours des derniers millénaires. La distance au soleil constitue le paramètre central de la température de la Terre. La surface de Mercure, plus proche de notre astre, chauffe à 427 °C sur sa face éclairée, celle de Vénus à 460 °C. Mars, plus loin, transmet des températures beaucoup plus froides. La Terre s'est formée en deçà de la ligne des glaces. Contrairement aux planètes gazeuses plus reculées, elle n'a pas subi la transformation de grandes quantités d'eau sous forme de glace. Auquel cas la vie ne serait pas apparue. Si notre planète rejoignait l'orbite de Pluton, l'azote, l'oxygène, l'eau dans notre air gèleraient. La gravité aurait accumulé tous ces éléments à la surface dans une couche de glace de 12 m de hauteur. Ces matériaux sur Terre, à l'état gazeux, constituent une épaisseur de gaz de 100 km d'épaisseur.

Vénus, notre sœur jumelle, se situe beaucoup plus proche du soleil : 30 % plus près. Nous pouvons supposer que l'atmosphère de Vénus était composée des mêmes ingrédients que ceux de l'atmosphère terrestre, lors de la formation du système solaire. Au commencement régnait un puissant effet de serre. La température beaucoup plus élevée a entraîné une convection de grande ampleur hissant la vapeur d'eau jusqu'au sommet de l'atmosphère. Là, les molécules ont été soumises à une photodissociation. L'hydrogène a échappé à l'attraction vénusienne. S'ensuivit une perte continue en eau.

Heureusement, cette distance soleil Terre reste stable à notre échelle humaine. En pivotant sur elle-même, la Terre atténue le dard de notre étoile, d'un facteur quatre, comme dans une rôtissoire : elle présente la totalité de la surface du globe au spot solaire, au cours d'une journée. Elle renvoie par réflexion 30 % du flux incident dans l'espace. Le sol et les océans en captent la moitié ; l'atmosphère diffuse et absorbe le solde, 20 %. Le rayonnement solaire échauffe notre planète. Comment la Terre peut-elle se refroidir dans le vide spatial ? Comment peut-elle transmettre ces surplus de vibration, translation, rotation, accumulés par ses composants ?

Le refroidissement de la Terre par le rayonnement infrarouge

L'astronome anglais William Herschel a été l'un des premiers à reconnaître que le rayonnement thermique est lié à la lumière. En 1800, il observait l'éclairement solaire à la sortie d'un prisme qui décompose les couleurs et permet de former un arc-en-ciel. Il aperçoit en déplaçant un thermomètre au-delà la bande rouge, où aucune lumière n'apparaît, que les températures les plus élevées s'inscrivent. En raison de cette découverte, ce type de rayonnement est dénommé infrarouge. Nous devons à Joseph Fourier, en 1827, la formalisation de l'importance du rayonnement infrarouge, dans le refroidissement de la Terre, et sa perturbation créée par l'atmosphère.

La Terre est éclairée par le soleil qui chauffe le sol. Ce dernier réchauffe à son tour l'atmosphère qui joue le rôle de couverture en bloquant une portion des infrarouges émis vers l'espace. Immergée dans le vide spatial, notre planète ne peut se refroidir qu'en raison du rayonnement infrarouge ; que ce soit pour évacuer la chaleur reçue de notre astre, ou la chaleur créée en interne par combustion. Seulement 30 % du rayonnement solaire direct visible est réfléchi dans l'espace : une grande partie, 23 % par la réflexion des nuages, mais aussi 7 % par celle du sol. Le reste 70 % est absorbé par le sol et l'air, puis renvoyé sous forme de rayonnement thermique.

L'équilibre thermique de la Terre dans l'espace

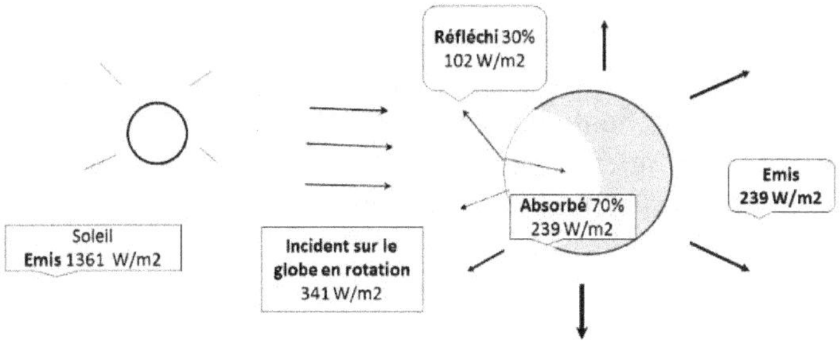

Figure 1. L'équilibre thermique de la Terre dans l'espace

La Terre, en pivotant sur elle-même, étale le dard du soleil de 1 361 W/m2. Le spot solaire balaie les différentes facettes de l'ensemble du globe, leur transmettant une moyenne journalière de 341 W/m2. La surface illuminée représente un quart de la surface de la sphère. Vue de l'espace, notre planète est perçue comme un corps réfléchissant bleu pâle, à -18 °C. Le haut de l'atmosphère et des nuages envoie aux satellites les valeurs de leurs températures.

L'atmosphère terrestre primitive ne présentait pas la moindre trace d'oxygène. Le refroidissement de la planète, la condensation de la vapeur d'eau, et la fixation du dioxyde de carbone dans les roches ont permis d'observer une diminution de l'énorme effet de serre régnant à l'origine. Les micro-organismes ont alors commencé à produire l'oxygène, indispensable à la respiration aujourd'hui.

Le climat dépend du bilan radiatif de la planète. Connaître cette situation avec le maximum de précision est un enjeu essentiel pour surveiller l'évolution du climat. Les satellites mesurent la balance énergétique au sommet de l'atmosphère. Lorsque le résultat global s'affiche nul, la Terre reste en équilibre thermique. S'il devient positif, la Terre se réchauffe. S'il passe en négatif, elle se refroidit. Le constat atteint va dépendre du clair de Terre (nuages et couleur des territoires) et des constituants de l'air ; leur concentration module leurs fenêtres de transparence ou d'occultation à la chaleur émise par le sol, tel un thermostat. Cet équilibre a changé au cours des âges. Les températures de notre planète ont plus ou moins fluctué, suivant les variations du soleil, des nuages, de la couleur du sol, et de la composition atmosphérique.

Des satellites de l'Agence spatiale européenne ESA et de la Nasa, les « Sentinelles », mesurent en permanence le rayonnement infrarouge émis par la Terre. Leurs yeux, équipés de lunettes infrarouges, nous transmettent d'énormes volumes de données sur le haut de l'atmosphère et sur la surface de la Terre. En fonction de leurs canaux d'observation, nous pouvons attribuer les émissions infrarouges à tel ou tel composant atmosphérique, selon l'altitude. Les informations sont recueillies et utilisées dans le programme européen de surveillance de la Terre. Les prochains satellites « Sentinelles » 4 et 5 seront dédiés à la qualité de l'air, de la couche d'ozone, du rayonnement solaire et à la quantification du changement climatique. Tout un chacun peut se procurer les données sur Internet (copernicus.eu).

La vapeur d'eau et les nuages, principaux régulateurs d'émission infrarouge du haut de l'atmosphère, participent à plus de la moitié des émissions. La vapeur d'eau cent fois plus présente que le CO2 impose son rythme. Toutefois, le CO2 joue un rôle secondaire et représente 20 % des émissions infrarouges. Un complément de 20 % provient du sol, en passant directement à travers l'atmosphère, et le solde de 7 % émane de divers composants mineurs.

Les modifications de concentration des constituants majeurs et mineurs vont incarner la fonction de thermostat en libérant plus ou moins d'infrarouges dans le vide spatial. Une grande partie est opérée par des phénomènes naturels, l'influence de l'homme reste marginale.

L'autre facteur régulateur de la température de la Terre découle de la couleur des territoires. Si les individus altèrent leurs fonctionnalités, ils vont transformer leur apparence et donc le taux d'énergie solaire absorbée et renvoyée.

L'accroissement de la population mondiale contribue de plus en plus à un changement d'affectation des territoires. Une déforestation et une urbanisation galopante entraînent des conséquences sur la température des sols.

La vapeur d'eau, principal élément obstacle à l'évasion du rayonnement infrarouge vers l'espace, provoque le réchauffement du sol et de l'air adjacent à la surface. La convection s'installe. À basse altitude, de zéro à 8 km, les vents, les convections, les pluies, les évaporations diverses homogénéisent en permanence la température de l'atmosphère. Une partie de la chaleur est directement transportée par convection dans les couches les plus hautes. Nous pouvons tous observer ce refroidissement de 6,5° par 1 000 m, dû à une détente adiabatique de l'air, trop rapide pour échanger son contenu thermique avec l'environnement. La montée de l'air humide entraîne la chaleur en altitude, et compense ce refroidissement.

Au-dessus d'une certaine hauteur, il reste si peu de vapeur d'eau que le rayonnement peut alors s'échapper dans l'espace. Une partie de la chaleur rayonne vers l'espace en utilisant les fenêtres de transparence de l'atmosphère aux infrarouges.

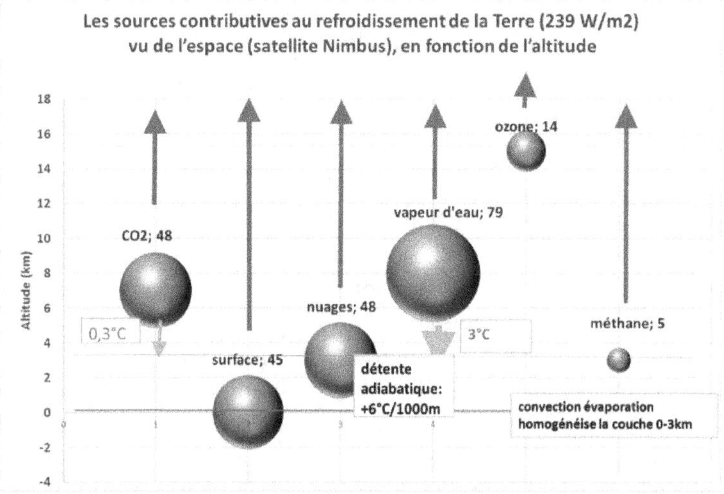

Figure 2. Le refroidissement de la Terre, mesuré depuis l'espace.

Une petite partie de l'infrarouge est aussi régulée par les composants mineurs de l'atmosphère, comme le CO2, le méthane, l'ozone dans des fenêtres étroites et bien spécifiques. Ce blocage du rayonnement freine le refroidissement de la terre, et réchauffe ainsi la colonne d'air.

Ces composants accessoires ont une origine naturelle et une origine anthropique. La question se pose de savoir si les rejets créés par l'homme entraînent un arrêt plus substantiel du rayonnement et donc un échauffement plus conséquent de la surface du sol.

La concentration de CO2 reste à peu près constante dans toute la colonne d'atmosphère. Si cette quantité est doublée naturellement ou artificiellement, chaque molécule de CO2, encerclée de 2 500 molécules d'azote, va se retrouver entourée d'un nombre presque aussi important. La molécule de CO2 transmet l'énergie absorbée. Ses voisines N2, O2 ne peuvent pas renvoyer cet excédent, par rayonnement dans l'espace. Seuls les divers gaz à effet de serre (vapeur d'eau) peuvent prendre le relais. De ce fait, une augmentation de la concentration du CO2 monte la température ambiante. L'éjection du surplus d'énergie est opérée par les autres canaux. Seule la couche la plus haute de CO2 émet cette énergie absorbée dans le vide spatial. À une altitude plus élevée, la température plus froide induit une énergie plus faible envoyée dans l'espace ; d'où le réchauffement de la colonne d'air.

Les calculs démontrent que le réchauffement créé dépasse difficilement le 1 W/m2. C'est moins de 0,5 % des flux naturels d'énergie.

Les mesures de température au niveau du sol affichent à peu près un échauffement double de celui provoqué par le CO2, depuis un siècle. Nous en déduisons que d'autres phénomènes entrent en scène : le méthane joue un rôle deux fois plus faible que le CO2, mais il devient fort de nos jours ; l'ozone, la vapeur d'eau montrent une influence tout aussi importante.

De même, l'énergie utilisée par l'homme se transforme en chaleur déversée dans les fleuves et la mer, contribuant ainsi au réchauffement de la Terre. Cette hausse minime au siècle précédent croit parallèlement à l'augmentation de la consommation.

Le gaz carbonique possède de trop petits bras, pour interpréter le premier rôle. Une molécule de CO2 rayonne fort lentement ; elle réagit en environ une seconde pour abandonner son énergie, sous la forme d'un quantum de radiation infrarouge. Entourée par 2 500 molécules d'air qui subissent plusieurs milliards de collisions par seconde aux pressions du niveau de la mer, elle perd rapidement son énergie dans tous les carambolages imposés par ses voisines, l'azote et l'oxygène. L'énergie du rayonnement infrarouge absorbé par un élément de CO2 est immédiatement transférée aux autres molécules de l'air par des chocs inélastiques et donc elle réchauffe l'air. L'énergie stockée sous forme de radiation thermique dans l'atmosphère s'avère négligeable en comparaison de l'énergie interne des molécules de l'air.

En revanche, à haute altitude, la molécule de CO2 fait cavalier seul ; elle dispose uniquement du rayonnement comme moyen d'expression. La transmission nette entre les modes de vibration de CO2 et les modes de translation de l'azote et de l'oxygène devient trop distante. Le CO2 résonne de la même manière que la barre d'un xylophone ; il absorbe et émet du rayonnement à sa fréquence de vibration de flexion. Les danseurs de twist ne se mélangent plus aux valseurs, lorsque la piste s'éclaircit.

Contrairement à la pensée commune, le gaz carbonique rayonne peu dans la basse atmosphère. Il y bloque les radiations infrarouges ou disparaît dans les océans et la végétation. Il est emporté par les forces de convection, subit la température locale, fonction de l'altitude. L'équilibre n'est pas déplacé à un niveau de température plus élevé, car ce léger surcroît de température se répartit sur l'ensemble des molécules atmosphériques et s'ajoute au puissant courant de convection. À basse altitude, le transfert de chaleur s'opère par convection et non par rayonnement, puisque surface du sol et air possèdent la même température. La vapeur d'eau de l'air ascendant relâche sa chaleur latente et forme des nuages en se condensant. Ces nuages jouent un rôle essentiel sur la diffusion de chaleur en altitude. De l'air plus froid et plus sec complète le circuit commencé par convection, en redescendant. Des modifications mineures de la convection et de la couverture nuageuse présentent bien plus d'effet sur les températures de surface que de gros changements de la teneur en CO2. À cet égard, la déforestation exerce une influence majeure. Nous en parlerons en détail.

Cependant, le système global ne se réduit pas à l'atmosphère. Deux interfaces — le vide au sommet, et la surface de la Terre et des océans, de l'autre côté — jouent les rôles essentiels. Après l'examen du haut de l'atmosphère, regardons les échanges en bas, au niveau du sol.

Lorsque depuis l'espace nous étudions notre planète, l'œil est frappé par l'énorme volume d'eau des océans et la très faible épaisseur de l'air. L'océan représente le cœur du système de régulation thermique planétaire. Notre planète s'appelle la planète bleue. L'eau, sous forme liquide, dispose d'une plage de température relativement étendue de zéro à 100 °C ; nous n'observons rien de tel pour les autres éléments. Cette plage garantit le maintien de l'eau à l'état liquide malgré de fortes amplitudes thermiques. Les océans jouent le rôle de régulateur thermique, un facteur clé pour l'épanouissement de la vie.

Le climat est régulé par les océans

Le climat de notre planète est régi en grande partie par l'océan promu principal régulateur, grâce à ses échanges gazeux continuels avec l'atmosphère. Dans son mouvement, l'océan absorbe, stocke et transporte la chaleur du soleil en affectant la température et la circulation de l'atmosphère. La mer est le plus important collecteur d'énergie solaire sur Terre. Non seulement l'eau couvre plus de 70 % de la surface du globe, mais elle peut également capter de grandes quantités de chaleur sans augmentation considérable de la température. Cette formidable capacité à emmagasiner et à libérer de la chaleur sur de longues périodes donne à l'océan un rôle central dans la stabilisation du système climatique de la Terre.

Des montants croissants de gaz à effet de serre empêchent la chaleur rayonnée de la surface de la Terre de s'échapper dans l'espace aussi librement qu'auparavant. Une fraction de cette chaleur atmosphérique confinée est absorbée par l'océan. En conséquence, le contenu thermique de la partie supérieure de la mer a augmenté au cours des deux dernières décennies. L'océan n'apparaît jamais engourdi. Les courants océaniques redistribuent l'excès de chaleur capté aux tropiques vers les plus hautes latitudes où des transferts d'eau de la surface vers les profondeurs ont lieu lorsque les eaux de surface se refroidissent dans ces régions. Celles-ci deviennent plus denses et plongent alors vers les abysses.

En résumé :

Immergée dans le vide spatial, la Terre ne peut se refroidir qu'en raison du rayonnement infrarouge ; que ce soit pour évacuer l'énergie reçue du soleil, ou la chaleur créée en interne. La vapeur d'eau et les nuages représentent les principaux régulateurs d'émission infrarouge du haut de l'atmosphère. Les modifications de concentration des composants majeurs et mineurs vont jouer le rôle de thermostat en libérant plus ou moins d'infrarouges dans le vide spatial. La question se pose de savoir si les rejets produits par l'homme entraînent un blocage plus important du rayonnement et donc un échauffement de la surface du sol.

La complexité du sujet m'oblige parfois à rentrer dans le détail de certains phénomènes physiques. Je m'en excuse auprès des lecteurs. Le résumé en fin de chapitre permet de passer au chapitre suivant.

Chapitre 2

La température observée de la Terre.

Du thermomètre au satellite

Le réchauffement climatique est lié à la notion de température, celle que nous observons tous les jours sur nos thermomètres.

La température

Les particules composant l'air ou l'eau ne restent jamais au repos. Elles déploient une vibration permanente et possèdent une certaine énergie cinétique. Nous ne pouvons les percevoir ; tactilement, nous en ressentons l'effet. Dans un litre d'air vibrent 10^{22} (10 000 milliards de milliards) molécules en mouvement à la vitesse moyenne de 500 m/s. Elles s'entrechoquent et ne gardent cette vitesse que sur de très courtes distances. La température doit descendre à -273 °C pour que les particules élémentaires ne vibrent plus. Nous appelons cet état de repos, le zéro absolu 0 Kelvin. Vous comprenez pourquoi nous les sentons, plutôt que nous les voyions. Notre vision ou même nos meilleurs capteurs n'arrivent pas à les apercevoir. Le monde microscopique n'apparaît pas à l'échelle humaine. Mais celui de la statistique l'est.

La température mesure l'énergie cinétique moyenne des particules de l'objet observé, et non l'énergie cinétique totale. Lorsqu'elle augmente, le mouvement de ces particules s'accélère également. On dit qu'il fait plus chaud… La température représente la valeur partagée par d'une part le thermomètre et par d'autre part l'air ou l'eau, après un contact pendant une longue période.

Comment définit-on la température de notre planète ? La réponse à cette question s'obtient par une mesure. Plus un objet semble chaud, plus sa température est élevée. La température décrit leur chaleur, leur énergie interne, et l'excitation des atomes dans toutes les directions. Impossible d'évaluer le mouvement dans un sens ou dans l'autre d'un nombre de particules aussi grand. Seule une manière statistique peut le chiffrer. Si l'échange net d'énergie interne s'avère nul, c'est-à-dire si aucune chaleur ne circule d'une région à une voisine, nous en concluons que tout le système apparaît en équilibre thermique. La chaleur traduit par conséquent le transfert net d'un lieu à une autre.

Deux régions en contact thermique possèdent la même température lorsque l'échange net d'énergie interne entre elles s'estompe. La température est donc liée à la direction du flux de chaleur. Ce dernier sort du secteur à l'énergie la plus élevée et entre dans la zone à l'énergie la plus basse. En termes plus concis, la chaleur passe du chaud au froid. C'est la définition théorique de la température. Cette dernière est mesurée à l'aide d'un thermomètre. Le principe de fonctionnement de tous les thermomètres inclut l'existence d'une certaine quantité, appelée variable thermométrique, agile à suivre les changements de température.

Un collègue de Galilée, Santorio, a inventé en 1612 ce magnifique instrument : un réservoir en verre de liquide attaché à un tube de verre étroit. Lorsque la température augmente, le liquide se dilate et monte dans le conduit. Si elle diminue, le liquide se contracte et retombe dans le tube. La hauteur de la colonne est donc liée à la température de manière simple et linéaire. Santorio a introduit une échelle de 360 divisions imitant les échelons classiques du cercle pour graduer son thermomètre. Depuis lors, les unités de température ont été appelées « degrés », que l'intervalle fondamental en possède 360 ou 100.

La notion de température « normale » n'existe pas : deux personnes en bonne santé présentent des valeurs corporelles différentes. Notre température apparaît ainsi plus froide le matin, et plus élevée en milieu d'après-midi. Nous ne pouvons donc mentionner que des variations de température et non une température absolue.

La température, comme toute grandeur intensive, n'a par conséquent de sens que pour un système homogène. Parler de

« température moyenne » a peu de signification scientifique, d'autant plus que cette grandeur est calculée sur un système aussi considérable que la Terre et sur une période longue d'une année. Les températures locales présentent une disparité conséquente dans le temps et dans l'espace. Bref, nous observons un système hétérogène. Au mieux, une telle « moyenne » indique une tendance si l'ensemble des valeurs utilisées marquent cette tendance par rapport aux précédentes dans les mêmes conditions de mesures. Cette valeur impose une grande précaution dans l'interprétation. Le concept de climat en un endroit donné du globe est lui-même défini comme la moyenne au cours du temps des nombreuses situations météorologiques parfois très contrastées qui se succèdent en cet endroit. Le climat reste une notion statistique et par conséquent, climat et moyenne demeurent inséparables.

Les écarts de température de la Sibérie, entre -67 °C l'hiver et +37 °C l'été, équivalent à une différence de 100 °C. Si les saisons présentent quelques jours de retard, ce décalage va induire des fluctuations importantes sur la température moyenne de notre globe. En utilisant une pondération fondée sur la surface de la Sibérie, les anomalies de température mensuelles de notre planète incluent ces fluctuations à hauteur de 0,5 °C. Parler de réchauffement ou de refroidissement climatique sur des informations atmosphériques mensuelles et globales n'a strictement aucune signification physique. Cependant, les articles de journaux se saisissent impertinemment et volontiers de ces phénomènes sporadiques, car c'est spectaculaire, voire effrayant. Nous étudierons donc les variations annuelles, sauf exception. Les données calculées représentent des écarts, ou anomalies, par rapport à une moyenne.

Les mesures de température

Les enjeux politiques et économiques ont passionné le débat. Distinguons données avérées, mesurées et modélisations mathématiques. Deux organismes essaient de publier au mieux ces « anomalies de température ». Nous ne nous intéressons qu'à l'évolution temporelle de la température et non à sa valeur absolue, difficile à interpréter. Un consensus sur les fluctuations mesurées de la température de la Terre existe. Les scientifiques utilisent principalement deux bases de données établies à partir de mesures in situ :

La base ***HadCRUT*** publie mensuellement les températures en combinant à la fois les enregistrements à la surface de la mer, et ceux dans l'air proches de la surface terrestre. Les premiers sont compilés par le centre Hadley de la météorologie britannique, les seconds par l'unité de recherche climatique de l'université de Norwich (*East Anglia*).

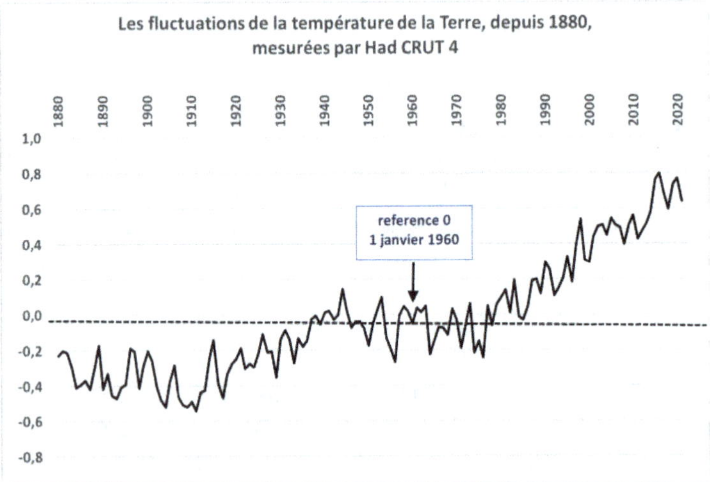

Figure 3. Les fluctuations de température de la Terre depuis 1880

L'autre base de données **GISS** est publiée par la Nasa et la NOAA, l'Agence américaine d'observation océanique et atmosphérique. La NOAA collecte les informations d'un réseau mondial de 26 000 stations météorologiques, et de milliers de navires et de bouées. Ce réseau mesure la température de l'air au-dessus des terres et celle de surface de la mer.

Les deux modèles publient des informations similaires sur les anomalies. HadCRUT 4 ne couvre pas les régions polaires. Seulement 85 % de la planète. La NOAA enveloppe 99 % grâce à une méthode d'interpolation. D'où une hausse légèrement supérieure.

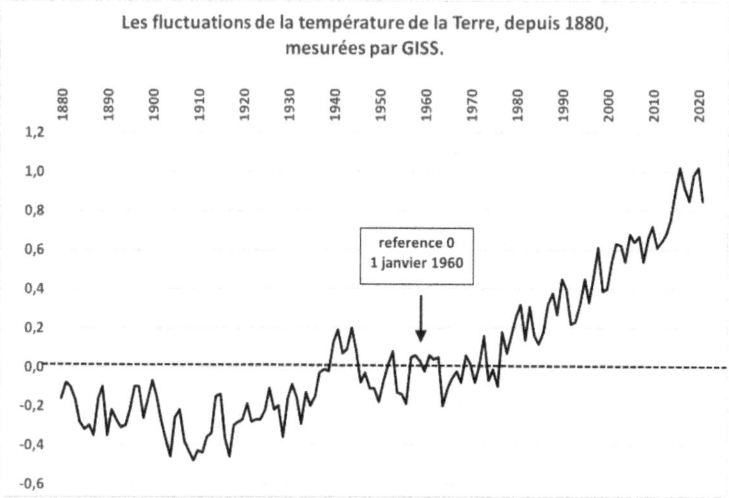

Figure 4. Les fluctuations mesurées par la Nasa et la NOAA, depuis 1880

Les deux bases recourent au 1er janvier 1960 comme référence zéro. En conséquence, nous utiliserons l'année 1960, pour origine de toutes les données. Les informations antérieures ou postérieures indiquent l'écart par rapport à 1960. Une incertitude plus importante entache les mesures précédentes à 1960.

Entre 1880 et 1960, la température a augmenté de 0,2 °C, dont une partie sous l'influence du soleil, du méthane et du CO_2. L'année 1938 a la même valeur que celle de 1960.

Nous distinguons 5 grandes périodes de fluctuations :

- Décroissance de 1880 à 1920
- Croissance de 1920 à 1940
- Stabilisation de 1940 à 1978
- Croissance de 1978 à 1998
- Croissance modérée de 1998 à 2020

Les cycles naturels laissaient présager une stabilisation sur la dernière période 2000 à 2030. Nous observons une légère hausse.

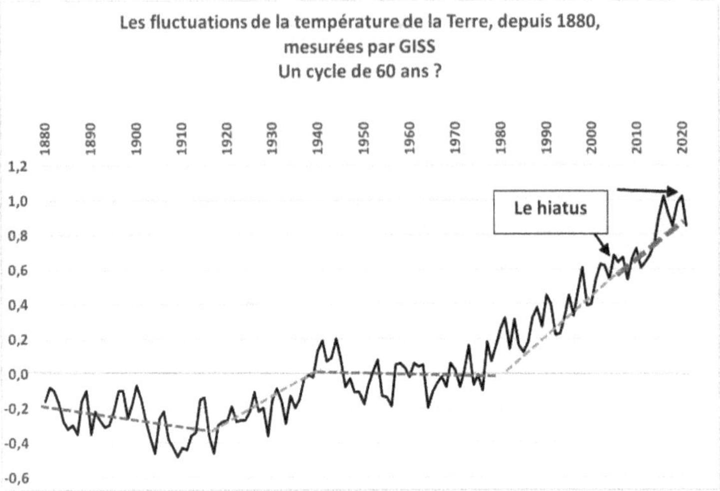

Figure 5. Les grands épisodes de fluctuations de la température

Les aérosols ont beaucoup augmenté de 1940 à 1970, lors de l'accroissement de l'industrialisation. Une forte progression des fumées soufrées suffisamment importante, pour compenser les gaz à effet de serre, et donc provoquer une diminution de la température. L'arrivée du « *Clean air act* » a permis de réduire les particules dans l'air. Les corpuscules, les poussières retombent vite contrairement aux émanations à effet de serre. D'où le réchauffement observé à partir de 1970.

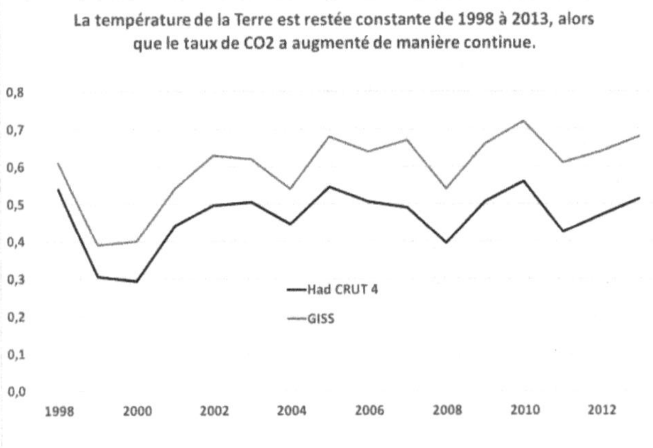

Figure 6. La température est restée constante de 1998 à 2013.

Nous noterons aussi l'influence des volcans qui, crachant dans l'atmosphère beaucoup de particules, atténuent le rayonnement arrivant au sol parfois pendant un an (le Pinatubo, en 1991)

Toute simulation du climat doit être fondée sur des données mesurées et réelles. Si les modèles et les grandeurs in situ exposent des désaccords, c'est que la représentation ne remplit pas son rôle et doit être corrigé. Les publications du GIEC ne répondent pas toujours à ce critère.

Analysons aussi la température des océans. Les maxima ont été observés en 1880, 1940, 2000, rythmés par une périodicité de 60 ans. C'est en 1980 que le changement climatique a été profondément modifié. Un événement majeur s'avère-t-il responsable d'une telle hausse ? Plusieurs chapitres apportent la réponse.

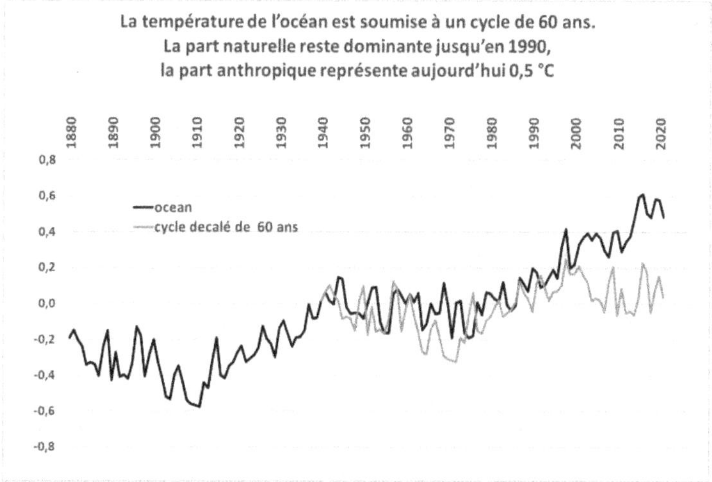

Figure 7. La température de l'océan est soumise à un cycle de 60 ans, jusqu'en 1990.

Le climat résulte du bilan radiatif de la Terre. Obtenir le maximum de précision est un enjeu essentiel pour surveiller son évolution. Les satellites mesurent ce bilan au sommet de l'atmosphère. Cette balance s'exprime en watts par mètre carré. Lorsque le bilan global demeure nul, la Terre reste en équilibre thermique. S'il devient positif, notre planète se réchauffe. S'il passe en négatif, elle se refroidit. Pour des raisons de commodité, nous transformons souvent ces watts par mètre carré en degrés Celsius, plus parlants ; mais c'est bien de l'énergie qu'échangent les différents composants de la Terre.

Mon premier emploi consistait à développer un modèle thermique de la Terre, et à opérer des mesures. L'objectif comparait les valeurs de l'air, du sol et de l'eau, prises à l'aide de thermomètres classiques, à celles relevées à distance par avion et par satellite pour définir nos premiers satellites français d'observation. J'ai participé aux mesures sur la totalité du département des Bouches-du-Rhône à bord d'un B17 de l'IGN, un vieux bombardier de la Seconde Guerre mondiale. Le B17 volait à 7 000 m d'altitude. Le radiomètre était installé dans la soute à bombes, sans mise sous pression. Le port du masque à oxygène s'avérait indispensable pour mettre en œuvre des enregistreurs à bord. Étant le « bizuth » de la bande, lors du premier vol, les opérateurs ont exprimé un malin plaisir à me demander de déterminer le défilement de la prise de vue en radians par seconde, à partir de l'altitude en pieds, et de la vitesse en nœuds. En oxygène raréfié, les facultés intellectuelles deviennent amoindries, le calcul mental difficile. Le vol suivant, je m'étais constitué une table, incluant tous les cas de figure possibles.

Jeune ingénieur au CNES, chaque nuit, je disposais de l'un des trois ordinateurs les plus puissants de France, et d'un tiers de son temps disponible pour établir le bilan radiatif de la Terre. L'objectif consistait à extraire, sur des régions présélectionnées à partir des données Météosat, trois jours de l'évolution des températures de l'air et du sol toutes les 30 minutes. Pendant mon sommeil, plusieurs semaines de suite, les opérateurs devaient installer 72 bandes magnétiques de 14 kg, contenant les informations, soit soulever au total une tonne sur les lecteurs. Je me suis créé une représentation du climat, très différente du discours officiel ambiant actuel. J'ai mesuré sous toutes les coutures le bilan radiatif de la Terre par satellite et publié à l'époque, y compris aux États unis, les résultats des observations et des calculs. Sur le sujet, peu de parutions existaient à cette période.

Du thermomètre au contact, à la mesure de température par satellite

Comment passons-nous d'une mesure de température par contact à une mesure de température par satellite ? Tout corps composé de particules en mouvement émet un rayonnement, suivant sa nature et l'état d'excitation de ses molécules. Tout objet rayonne. De la lumière visible, infrarouge, ultraviolette est émise par tout corps. Le spectre de cette lumière dépend de la température. La courbe de l'intensité rayonnée en fonction de la longueur d'onde dessine un tracé en cloche,

Le maximum se décale vers la lumière visible, en fonction d'une hausse de la température. Nous pouvons l'observer en maintenant à une température fixe une cavité à la surface absorbante, et en mesurant les radiations qui s'échappent par un trou minuscule percé dans la paroi. À la température ordinaire, le rayonnement maximal se situe dans la plage des 10 microns au sein de l'infrarouge. Si nous chauffons l'enceinte, celle-là va émettre une lumière rouge, faiblement visible. À l'équilibre thermique, la nature tend à répartir équitablement l'énergie entre tous ses degrés de liberté. Elle supprime les différences d'excitation entre les oscillateurs moléculaires.

La loi de Stefan-Boltzmann établie pour un corps théorique parfaitement absorbant relie le débit de chaleur, émis ou absorbé par un objet, à sa température (et sa surface et son obscurité). Ce débit de la chaleur a été empiriquement déterminé par le physicien autrichien Joseph Stefan en 1879 et théoriquement calculé par son compatriote, et collègue Ludwig Boltzmann en 1884. Il est maintenant évalué mathématiquement à partir de la loi de Planck. Le satellite, à distance, surveille la couleur des objets. Cette couleur en lumière visible ou infrarouge nous renseigne sur la température et la nature du corps étudié. Nous ne mesurons plus l'énergie thermique des particules, mais le rayonnement émis en fonction de leur énergie. Certaines fenêtres restent opaques à l'observation ; d'autres, transparentes. Nous devons jongler, en choisissant les filtres adaptés aux radiations émises.

Température de surface de la planète, mesurée par satellite en août (en °C)

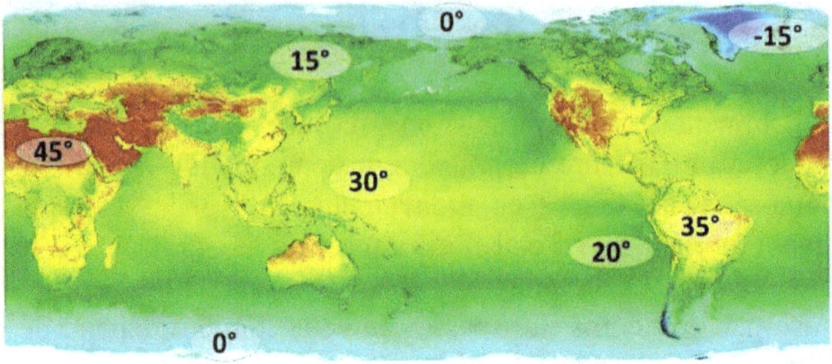

Figure 8. Mesure de la température de la planète par satellite en août.

Pour conclure en cette étape, notre globe présente une palette extrêmement colorée d'émissions infrarouges de différentes amplitudes suivant les bandes d'absorption des composants gazeux. Notons ces équivalences : 290 K pour la surface du sol, dans les fenêtres transparentes aux infrarouges, visibles depuis l'espace, 270 K pour l'ozone, 260 K pour le méthane, de 200 à 260 K pour la vapeur d'eau et 220 K pour le CO2. Une étude fine de ces bandes nous permet de déterminer l'altitude d'émission et la concentration des composants mineurs.

Nous calibrons les mesures satellites en repérant des points au sol identifiés dont nous connaissons la température. C'est la fameuse « vérité terrain ». Lorsque nous arpentions la campagne française ayant à la main toutes nos photos et nos thermomètres, nous devions contourner la méfiance des paysans. La première phrase à prononcer se résumait à « nous ne sommes pas le Fisc, nous ne sommes pas le ministère de l'Agriculture » et là, seulement, la conversation pouvait commencer. Parfois, certains en voyant les images infrarouges démontraient une grande habileté à les interpréter, car ils avaient effectué leur service militaire dans des centres opérationnels de détection.

À mesure que la surface de la Terre se réchauffe, elle renvoie plus d'énergie dans l'espace. À énergie égale, la région

Arctique se réchauffe plus rapidement que les latitudes plus basses. La loi de Stefan-Boltzmann énonce qu'un surplus de 1 W/m2 entraîne un échauffement de 0,16 °C à 30 °C, mais de 0,31 °C à -30 °C.

Le réchauffement global de notre planète a augmenté de 0,9 °C depuis 1960. La climatologie historique nous enseigne que l'humanité a connu des variations importantes jusque dans un passé très récent : depuis 12 000 ans, la température moyenne a remonté de 8 à 9 °C. La transition s'est révélée parfois brutale. Le coup de froid, observé 8 000 ans avant notre ère, s'est terminé par une hausse de quelques degrés en cinquante ans. Sans que nous puissions incriminer l'activité industrielle ! À une époque plus rapprochée, autour de l'an 1100, nous relevons une anomalie de 0,4 °C.

Celle mesurée de 1960 à 1990 ne présente rien de surprenant si nous la replaçons dans le contexte de la petite ère de glace, en cours de résorption. Il est à noter que cette hausse n'apparaît pas uniforme. Nous constatons des augmentations sur les régions continentales et des refroidissements sur les trajets des courants océaniques.

Le réchauffement depuis 1990 résulte d'origines différentes. C'est le sujet du livre.

Pour résumer : cet ouvrage commence par de bonnes observations, la vérité terrain. Un large consensus existe sur les mesures. Elles font peu l'objet de débats. Ce que nous devons retenir : le réchauffement de notre planète s'élève à 0,9 °C depuis 1960. En revanche, un accord sur l'interprétation à l'origine de cet échauffement n'a pas cours. Les chapitres suivants enquêtent sur les causes des fluctuations naturelles ou anthropiques observées. Le rapprochement des mesures aux lois de la physique assure la rigueur de l'analyse. Le paragraphe en italique en bas de chaque section résume et compare les résultats de l'investigation à la perception actuelle de nos concitoyens.

Nous pouvons regretter simplement l'absence de mesures de qualité sur les deux pôles.

Chapitre 3

L'arrêt de l'activité dû à la Covid a-t-il entraîné une baisse du réchauffement climatique ?

En décembre 2019 est surgie une pandémie, la Covid-19 (acronyme de *coronavirus disease)* une maladie infectieuse, provoquée par le coronavirus SARS-CoV-2. Elle fut d'abord détectée à Wuhan, dans la province du Hubei, en Chine centrale, avant de se propager dans le monde entier à partir de février mars 2020. Ses conséquences économiques, sociales et environnementales sont apparues considérables.

Les mesures de confinement ont réduit la production au premier semestre 2020 de 15 à 40 % pour les acteurs manufacturiers essentiels utilisant des combustibles fossiles, dans les principaux pays industriels (Chine, Europe USA, Inde, Japon). Partout dans le monde, la pandémie a présenté des effets écologiques positifs : amélioration spectaculaire de la qualité de l'air, et localement de l'eau, forte réduction de la pollution sonore…

Pendant cette période, la Covid a entraîné l'arrêt de l'activité en Chine puis en Europe. Nous pouvions donc nous attendre à une baisse significative du taux de CO2 dans l'atmosphère. Quelle n'est pas ma surprise en découvrant que sa concentration continue de croître ! Il n'a jamais été aussi élevé alors qu'on nous avait toujours dénoncé notre industrie comme étant le principal responsable de l'augmentation du CO2 dans l'air. Par ailleurs, nous avons observé une hausse de la température.

L'arrêt de l'activité en Chine, puis en Europe a-t-il induit une chute du taux de CO2 de l'atmosphère ?

Pourtant la quantité de CO2 dissipée par les activités humaines dans l'air a diminué de 0,7 Gt C (milliard de tonnes carbone) pendant la Covid, soit 8 % de baisse annuelle ; la plus forte réduction (0,32 Gt C) depuis 1945. La Chine contribue à un quart des émissions mondiales de CO2. Comment se compare la moyenne du taux de CO2 de février et mars 2020 par rapport aux mois et années précédents ?

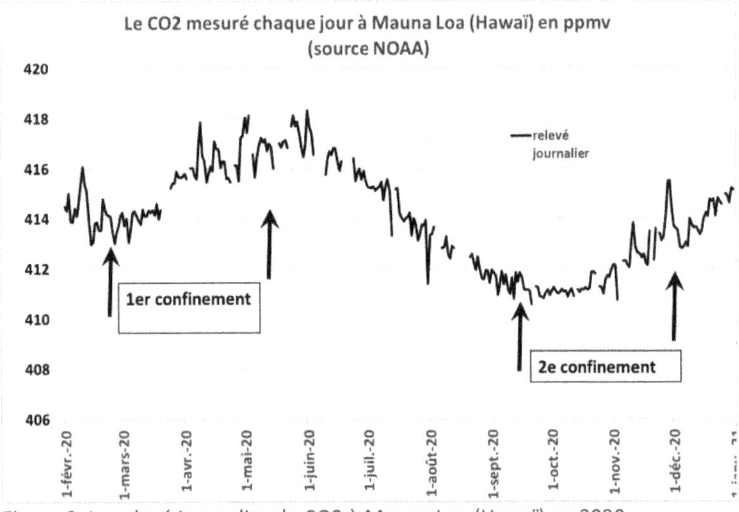

Figure 9. Le relevé journalier de CO2 à Mauna Loa (Hawaï) en 2020
(Ppmv = partie par million en volume, 400 ppmv représentent 0,04 %)

Nous n'avons constaté aucune diminution du CO2 atmosphérique, au 1er semestre, à la suite du confinement en Chine et en Europe ; bien au contraire, nous mesurons une augmentation plus forte de CO2 que lors des années précédentes… et nous observons une baisse à la reprise de l'activité et une hausse au 2e isolement en octobre 2020 !

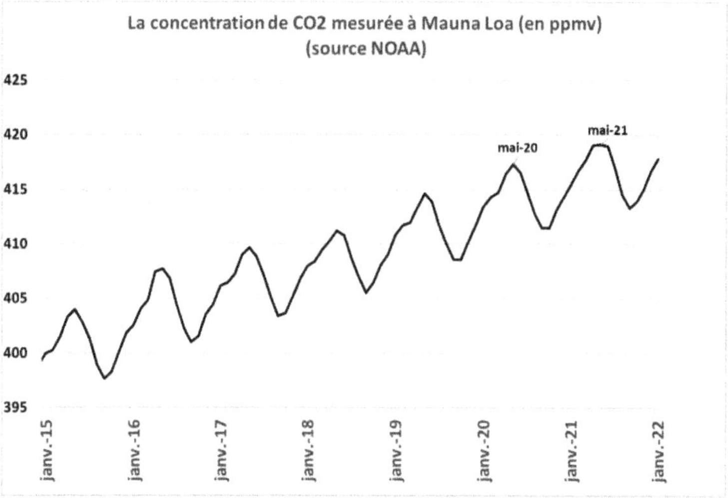

Figure 10. La concentration grimpe chaque année de 2,5 ppmv.

La fluctuation saisonnière est liée au cycle de la chlorophylle dans l'hémisphère nord. Elle est moins marquée dans l'hémisphère sud et en opposition.

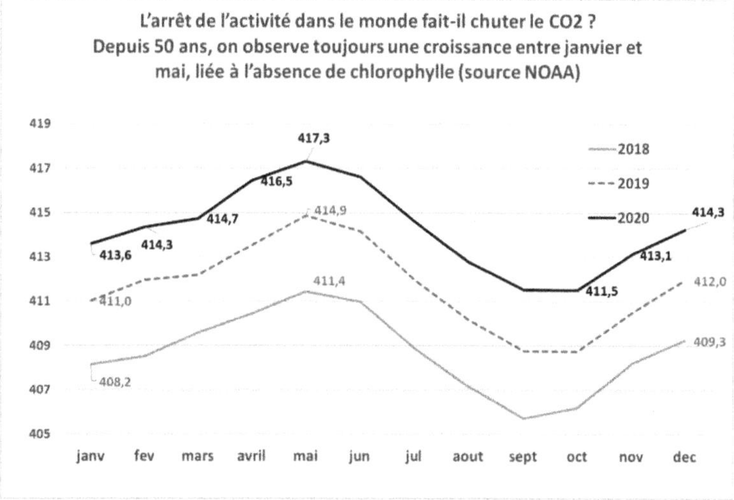

Figure 11. La fluctuation mensuelle du CO2 de 2018 à 2020

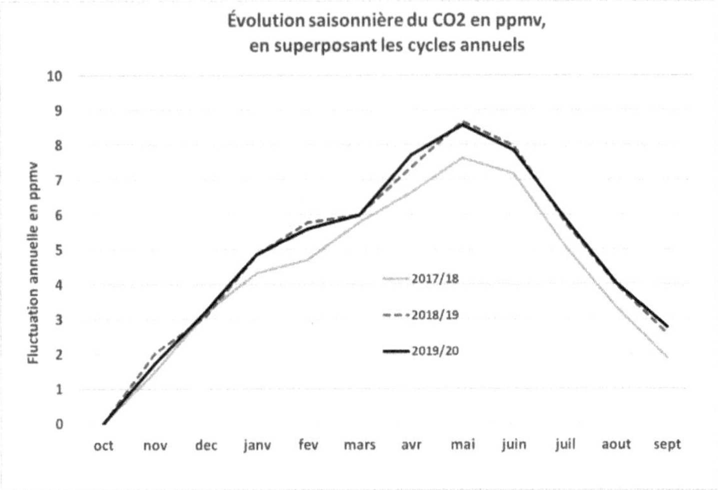

Figure 12. Les cycles annuels du CO2 de 2018 à 2020
La baisse de janvier 2018 est liée à une chute de la température

Quant à la température : nous n'observons aucun changement. Un pic en janvier comme chaque année et une baisse ensuite.

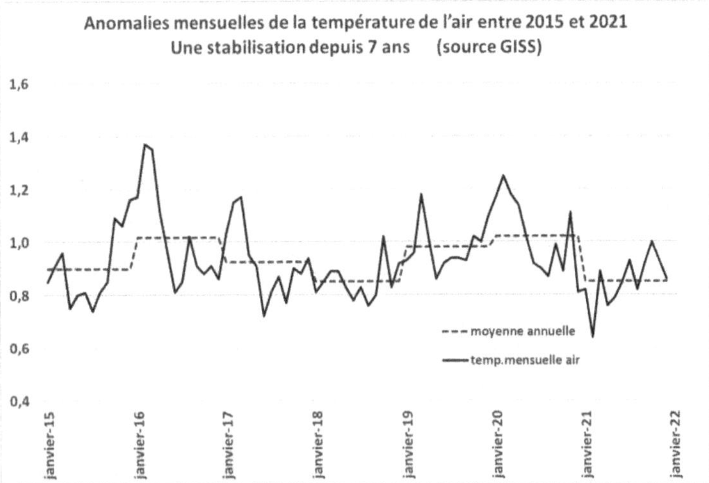

Figure 13. Les anomalies mensuelles de températures relevées de l'atmosphère, de 2015 à 2021

En revanche, l'observation de l'année 2020 amène à constater que nous rejoignons les valeurs de 2016 particulièrement élevées, malgré une émission de CO_2 anthropique plus faible, et un taux de CO_2 dans l'air plus fort.

Les arrêts mondiaux de production et de transport, dus à la pandémie du coronavirus, ont réduit la pollution atmosphérique particulaire dans de nombreuses régions. Ils ont permis à davantage de lumière solaire d'atteindre la surface et de générer un effet de réchauffement modeste, mais potentiellement significatif.

La plus grande source de variabilité annuelle des températures planétaires provient généralement de l'oscillation d'El Niño dans le Pacifique (ENSO), un cycle naturel d'échange de chaleur entre l'océan et l'atmosphère. Une énorme piscine d'eau chaude à l'ouest du Pacifique rejette son énergie dans l'air. L'année 2020 a commencé par une période légèrement positive chaude, et s'est terminée par une phase négative froide d'ENSO. D'où la chute de température observée mi-2020. 2021 a été marqué par un épisode encore plus froid. L'année record de canicule, 2016, avait reçu une impulsion significative d'un El Niño fort. L'absence d'une aide similaire d'El Niño en 2020 démontre que le climat de fond continue à se réchauffer. Menons l'enquête pour en trouver les causes.

L'augmentation de température peut-elle être due à l'autre gaz, bloqueur de rayonnement infrarouge, le méthane ? Regardons l'évolution de ce gaz.

Il a continué de monter, en suivant des cycles saisonniers, comme le CO_2. Une partie étant émise par les rizières, l'agriculture, les marais et la décomposition des végétaux. Nous n'observons aucun effet de l'arrêt de l'activité.

Le troisième facteur à l'origine de l'échauffement de l'air provient de l'océan. Ce dernier ne montre pas d'écart de température inhabituel en janvier 2020. Il avait affiché une baisse significative fin 2017.

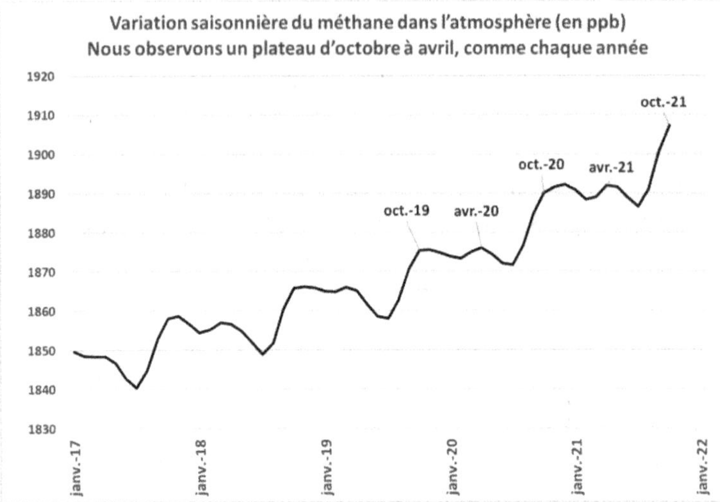

Figure 14. Les variations saisonnières du méthane dans l'atmosphère
Ppb = partie par milliard, un milliardième.

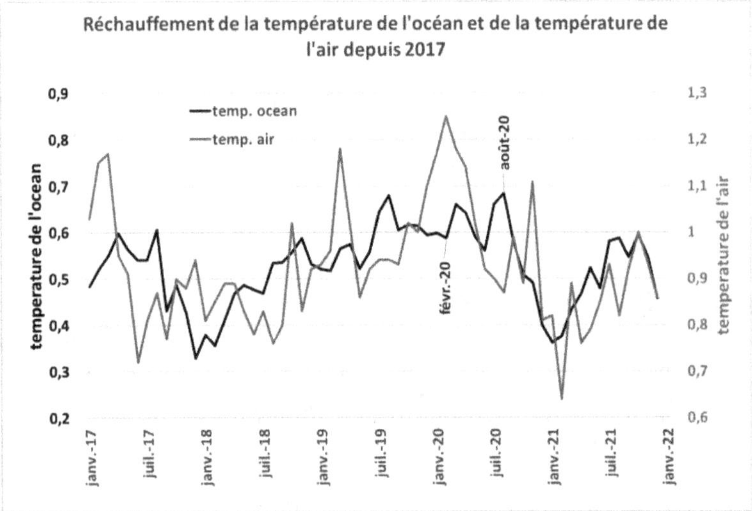

Figure 15. Le réchauffement mensuel de la température de l'air et de l'océan depuis 2017

Le réchauffement de l'air se présente supérieur de 0,4 °C, en moyenne, à celui des océans ; il arbore un maximum en février mars, et un minimum en août.

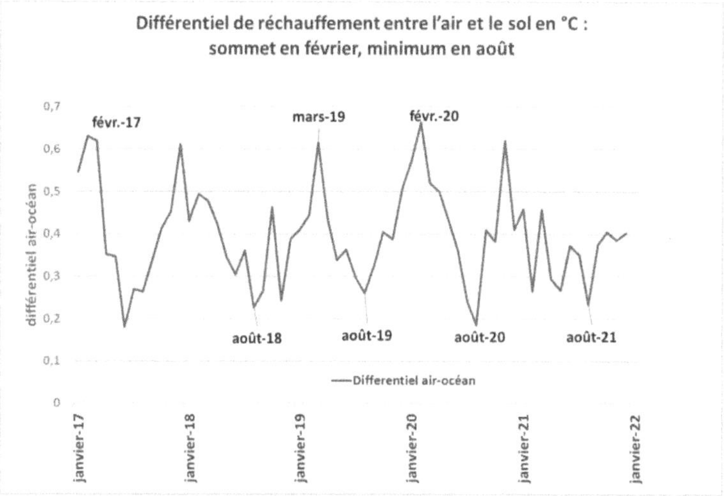

Figure 16. L'écart de réchauffement entre l'air et l'océan depuis 2017

Le réchauffement relatif de l'atmosphère en janvier 2020 doit nous intriguer. Nous avons vu que la distance de la Terre au Soleil reste constante d'une année sur l'autre. Mais cette distance fluctue de manière importante en cours d'année. Notre globe décrit une ellipse : elle se situe plus près de notre astre en janvier à 147 millions de kilomètres, et plus loin en juillet à 152 millions de kilomètres. Nous observons une atmosphère sur la totalité de la planète plus chaude en janvier et plus froide en juillet. L'océan, à cause de son inertie, réagit beaucoup plus lentement. La distance Terre-Soleil fluctue de 3,4 %. Elle entraîne une amplitude de 7 % de l'éclairement solaire, soit un écart de 11 watts/m^2 d'absorption au niveau du sol et de 5 watts/m^2 dans l'atmosphère. C'est 100 fois plus que l'échauffement produit par le CO2 annuellement.

Les oscillations saisonnières du CO2 et du méthane exercent une influence mensuelle négligeable sur la température de l'air, comparées aux fluctuations de l'océan.

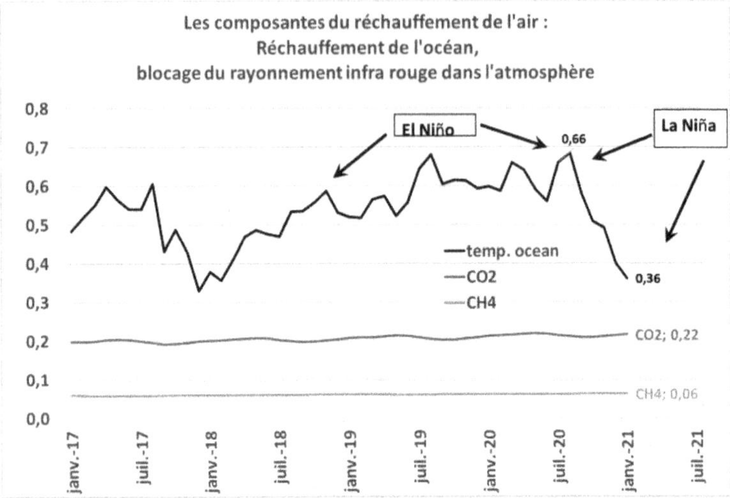

Figure 17. Les trois composantes du réchauffement mensuel de l'atmosphère

La baisse de la température des mers lors de l'hiver 2017/2018 s'est répercutée sur la température de l'air (produisant au passage un épisode de grippe plus intense). Elle était due à l'apparition concomitante de la Nina (le retour à la normale après une forte phase El Niño) et d'une diminution de l'activité solaire. Nous y reviendrons. La température élevée des océans entraîne leur dégazage et donc le niveau augmenté de CO2 dans l'atmosphère.

Certains mois, la planète émet des bouffées de chaleur dans l'air. Ces anomalies de température n'ont pas un grand sens physique. Elles résultent d'une construction mathématique incluant le nord de la Sibérie et l'Arctique. La hausse de la température du globe est liée à la prise en compte d'anomalies supérieures à 3 °C dans le nord de la Sibérie. L'océan, les gaz à effet de serre ne peuvent être les responsables directs d'une telle fluctuation mensuelle.

Pourquoi le taux de CO2 a-t-il augmenté en début d'année 2020 ?

L'hémisphère sud bénéficie d'un éclairement solaire plus important en janvier ; l'inclinaison de l'axe de la Terre accroît l'azimut du soleil, donc le réchauffement des océans australs. Nous observons une solubilité du CO2 plus faible dans les mers du Sud à la fin de l'été austral. L'hémisphère nord immergé dans l'obscurité est peu perturbé par la distance Terre-Soleil.

La Nasa publie des animations vidéo pour présenter les émissions de gaz du globe. Ces vidéos visualisent l'apparition des volutes de CO2 à l'Équateur et leur disparition au pôle Nord en avril. Elles traversent la moitié du globe du sud vers les latitudes élevées. Ce brassage de l'atmosphère augmente temporairement pendant quatre mois la concentration de CO2 de l'Arctique plongé dans les ténèbres, et le froid. Un événement naturel reproduit chaque année. L'échange atmosphère océan s'opère mal à cette époque, dans cette région.

Pour récapituler, la conjonction de trois phénomènes a contribué à monter les températures de janvier 2020 de manière palpable : les fluctuations mensuelles du soleil, l'absence d'aérosols et la présence d'El Niño. L'importance de ces trois phénomènes a décru à la fin du premier semestre 2020. Le soufflé est retombé.

Pour résumer, la concentration en CO2 au premier trimestre 2020 s'est comportée de façon quasiment identique aux années précédentes où l'activité manufacturière fonctionnait à plein régime. Dans ces conditions, les anomalies de température liées à des causes naturelles rendent très difficile l'observation d'un réchauffement continu cent fois plus faible.

L'arrêt d'un quart de l'industrie mondiale a eu un impact indétectable, comparé aux fluctuations dues à la chlorophylle, et encore plus infime rapproché à celle des océans. Elle ne présente une action décelable que sur une très, très longue durée. C'est dire le nombre d'années de privation et de confinement à décider si nous souhaitons revenir à la situation de 1960. Nous ne parlons pas de trimestres, mais de vingtaines d'années : une génération ! Les océans captent l'essentiel du réchauffement. Restituer cette chaleur prendra des dizaines d'années.

Les émissions anthropiques rentrent dans un processus naturel beaucoup plus puissant d'absorption et de diffusion. C'est un minuscule pourcentage comparé au CO2 déjà présent. En l'absence totale de CO2, la température apparaîtrait inférieure de 3 à 4 °C : un froid plus fort que la petite ère glaciaire, des années 1700. Famine, fleuves gelés… Notre Terre deviendrait invivable. Nous n'en discuterions pas. C'est pourtant la théorie de certains avocats du zéro carbone. Quant à la neutralité de nos émissions, elle ne sert à rien, si la température continue de monter, entraînant un dégazage des océans.

D'où la complexité à expliquer l'impact du CO2.

Aucun média n'a traité de la hausse de la concentration en CO2 dans l'atmosphère pendant l'arrêt de notre industrie au premier trimestre 2020. L'accumulation de CO2 s'est comportée de façon quasiment identique aux années précédentes où l'activité manufacturière fonctionnait à plein régime. Dans ces conditions, les anomalies de température liées à des causes naturelles rendent très difficile l'observation d'un réchauffement continu cent fois plus faible. Oublions les variations mensuelles lorsque nous parlons du réchauffement climatique. Elles traduisent surtout des équilibres naturels en train de s'établir. A contrario, les fluctuations anthropiques varient très lentement à des niveaux à peine perceptibles annuellement. Voyons plus en détail

Chapitre. 4

Qui pilote le climat ? Le CO_2 ou la température ?

Le dioxyde de carbone, gaz incolore à la densité supérieure à celle de l'air sec, se produit de façon naturelle dans l'atmosphère terrestre sous forme de traces. Les émissions naturelles comprennent les volcans, les sources chaudes et les geysers. Ce gaz est libéré des roches carbonatées par dissolution dans l'eau. Soluble dans l'eau, le dioxyde de carbone réside dans les eaux souterraines, les rivières et les lacs, les calottes glaciaires, les glaciers et l'eau de mer. Il stagne dans les gisements de pétrole et de gaz naturel.

Le CO2 est exhalé par tous les organismes aérobies lorsqu'ils métabolisent des composés organiques et consomment de l'oxygène pour produire de l'énergie par la respiration. Le dioxyde de carbone est renvoyé dans l'eau par les branchies des poissons et dans l'air par les poumons d'animaux terrestres ou par les humains. Il est engendré au cours des processus de décomposition des matières organiques et de la fermentation des sucres, dans la fabrication du pain, de la bière et du vin. Il est produit par la combustion de bois, de diverses substances organiques et de carburants fossiles tels que le charbon, la tourbe, le pétrole et le gaz naturel.

La hausse du CO2 observée résulte-t-elle des activités humaines ou bien provient-elle des variations d'autres paramètres climatiques ? Les activités humaines, en particulier les énergies fossiles, émettent environ chaque année 9 GtC (gigatonnes = milliards de tonnes de carbone) dans l'atmosphère.

Ce chiffre semble impressionnant. Nous devons le comparer aux échanges naturels annuels, de l'ordre de 230 GtC, entre le sol et l'atmosphère. Sans oublier les quantités gigantesques de carbone, stockées et plus ou moins relarguées sporadiquement au sein des océans, à la surface des continents ou dans les profondeurs des sous-sols de la planète. Ces dernières se chiffrent en plusieurs dizaines, voire en centaines de milliers de gigatonnes. Les mers contiennent 50 fois plus de CO2 que l'atmosphère.

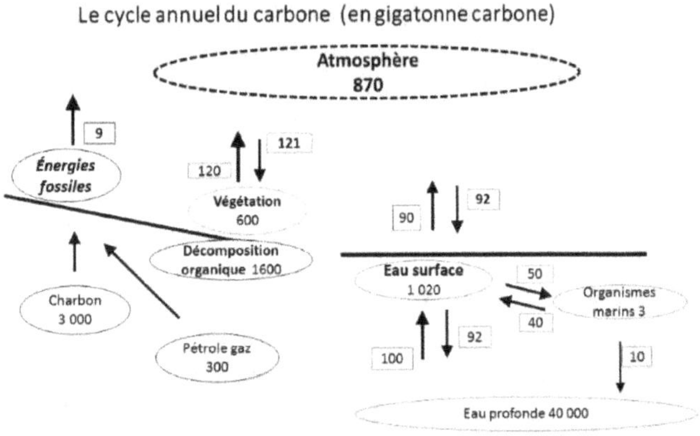

Figure 18. Bilan simplifié du cycle du carbone
Dans les bulles, les stocks ; dans les carrés, les flux annuels

Le CO2 anthropique contribue à l'augmentation pour un montant de 9 GtC/an dans l'air. Il ne représente qu'une toute petite partie du CO2 atmosphérique : 6 % seulement se mélangent au dégazage des océans et aux émissions des végétaux. Les mers et les plantes le captent mal : 2,3 pour les premiers, 2,6 pour les seconds. C'est donc un surplus. La capacité d'absorption des océans dépend de leur température. Plus l'eau devient chaude, moins elle prélève le CO2.

En réponse à la perturbation anthropique, les mers envoient 2,3 GtC dans leurs profondeurs. La biomasse du plancton reste inchangée. La pompe biologique marine s'avère inefficace, alors que la végétation terrestre est active.

Les océans captent une partie du CO2 présent dans l'atmosphère par dissolution et par enfouissement dans les profondeurs. Un quart du gaz carbonique issu de la combustion des énergies fossiles est absorbé par les eaux marines de surface, puis réparti dans toute la colonne, entraîné par les courants océaniques. Pour d'autres raisons, les mers, elles aussi, se réchauffent rendant plus difficile la dissolution du CO2. Si moins de CO2 est capté par l'océan, la teneur en CO2 va s'accroître dans l'atmosphère.

La température des mers de l'hémisphère sud paraît jouer un rôle déterminant pour contrôler les variations du CO2 atmosphérique. L'augmentation de la température de la Terre crée donc un surplus de concentration dans l'atmosphère. Les océans ont absorbé 90 % de la chaleur supplémentaire de la Terre. La solubilité du CO2 décroît en proportion de la température de 1 GtC pour 0,1 °C. Les 200 premiers de la mer présentent la même teneur de CO2 que l'atmosphère. El Niño peut envoyer 2 GtC dans l'atmosphère ; la Nina les reprend.

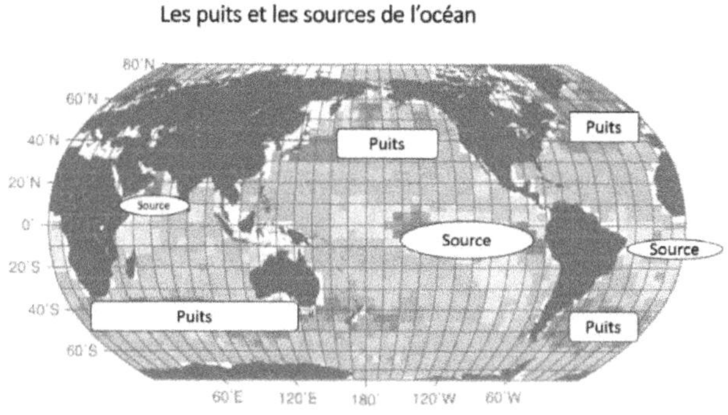

Figure 19. Les puits et les sources de CO2 de l'océan

Dégazage continu sous les tropiques et captation permanente dans les eaux polaires, et en particulier dans l'Atlantique Nord. Aux latitudes moyennes, les océans deviennent émetteurs ou absorbeurs de CO2 selon les périodes en fonction de la température et de la vie marine. La pression partielle de CO2 à la surface de la mer varie suivant la position géographique et en raison des saisons dans un intervalle compris entre 150 ppmv et 750 ppmv. Cet écart représente entre 60 et 180 % de la pression atmosphérique partielle du CO2 à 418 ppmv. Les pressions partielles de CO2 dans l'océan régulent la direction et l'amplitude des flux de CO2 dans l'atmosphère. Dans l'ensemble, l'atmosphère expose une pression partielle supérieure à celle de l'océan de 7 ppm. Le flux de CO2 va de l'air vers l'océan.

L'hémisphère sud présente un taux de CO2 inférieur de 2 ppm au taux de CO2 de l'hémisphère nord.

Nous constatons des écarts de l'ordre de 30-40 ppmv et le maximum de concentration de l'atmosphère en CO2 au-dessus des zones tropicales et équatoriales de l'Afrique et de l'Amérique du Sud. En revanche, les régions de l'hémisphère nord, particulièrement émetteur en CO2 anthropique se trouvent nettement en dessous des moyennes. Nous observons donc un courant de l'équateur vers le pôle et le retour par les courants marins, 1 000 ans plus tard.

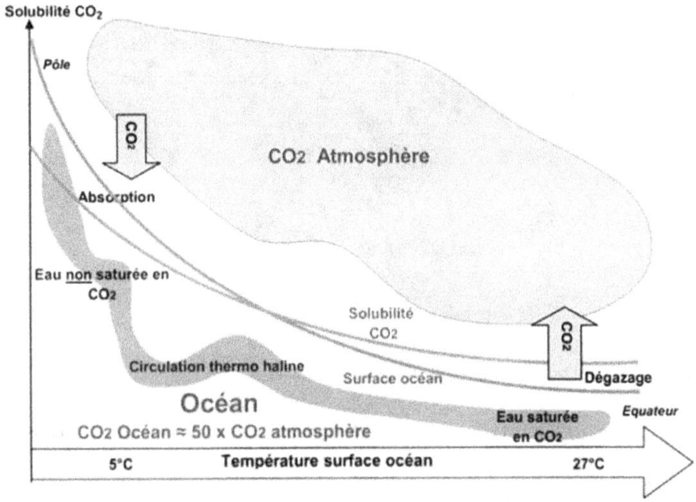

Figure 20. Le dégazage aux tropiques et l'absorption aux pôles

Pour obtenir les valeurs de CO2 sur le globe par satellite, nous opérons la même opération qu'en laboratoire, à Mauna Loa. Nous mesurons simultanément l'énergie infrarouge dans une fenêtre spectrale sensible au CO2 et l'émission du sol terrestre dans une fenêtre insensible à tout gaz à effet de serre.

Par différence, nous en déduisons l'absorption de la colonne de CO_2, et donc sa concentration.

En 1991, le Pinatubo, un volcan aux Philippines, a rejeté à lui tout seul autant que l'ensemble de nos émissions anthropiques sur un an.

Une bonne partie des échanges terre, océans, atmosphère est régie par l'intermédiaire du CO_2. Pouvons-nous qualifier le vecteur fondamental à l'origine de toute vie sur notre planète de « polluant » ? Les 385 milliards de tonnes de CO_2 absorbées par la photosynthèse correspondent à 50 ppm, soit un huitième de la pression partielle dans l'atmosphère. Si de grandes quantités de CO_2 n'étaient pas fournies à l'air par divers mécanismes, en huit ans, les plantes auraient fini de consommer tout le CO_2 de l'atmosphère et seraient mortes de faim. Dresser un bilan précis des multiples interactions du CO_2 à travers l'atmosphère et les autres composantes de la planète s'avère difficile.

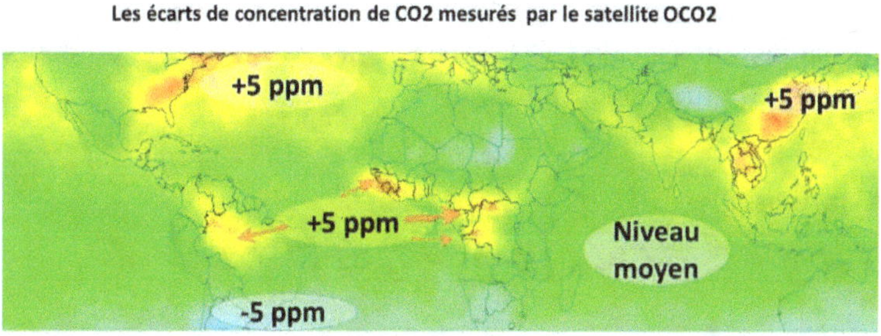

Figure 21. Les écarts de concentration de CO_2, vues par satellite OCO2.

Les données mesurées à Mauna Loa-Hawaï,

Vu l'échange continu de CO_2 entre les sources et les puits, déterminer son temps de résidence dans l'atmosphère est complexe. C'est pour cette raison que nous nous intéressons davantage à sa concentration. L'observatoire de Mauna Loa est situé à 3 350 m d'altitude sur les flancs d'un volcan à Hawaï, en plein milieu du Pacifique, loin de toute activité humaine. La courbe d'évolution du CO2 est connue sous le nom de son initiateur en 1958, courbe de Keeling. L'air ambiant est inspiré dans un cylindre. Un émetteur envoie une lumière infrarouge. Plus la concentration de molécules croît, plus la quantité d'infrarouges s'atténue. Nous mesurons le nombre de molécules de CO2 noyées dans un million de molécules d'air. Ce chiffre est exprimé en ppmv (parties par million en volume, 1 μ litre/litre).

Les relevés montrent que le taux de CO2 atmosphérique a augmenté depuis 1958 en suivant une succession d'oscillations dont la périodicité annuelle indique l'influence des saisons sur le taux de CO2 observé. Mauna Loa se révèle la référence mondiale, incontestée.

La hausse annuelle du taux du CO2 dans l'atmosphère correspond à un accroissement de 1,7 ppmv mesurée par différence entre les mois de janvier successifs de deux années. Les fluctuations du flux de CO2 varient de 0,4 ppmv/an à 2,8 ppmv/an pour la période considérée. Nous l'expliquons par une succession des « bouffées » plus ou moins rapides et plus ou moins intenses de CO2 lâchées dans l'atmosphère, au cours des trois dernières décennies.

Équivalences : 1GtC = 3,67 GtCO2 ;

1 ppm = 2,13 GtC ; 1 ppm = 7, 81 GtCO2.

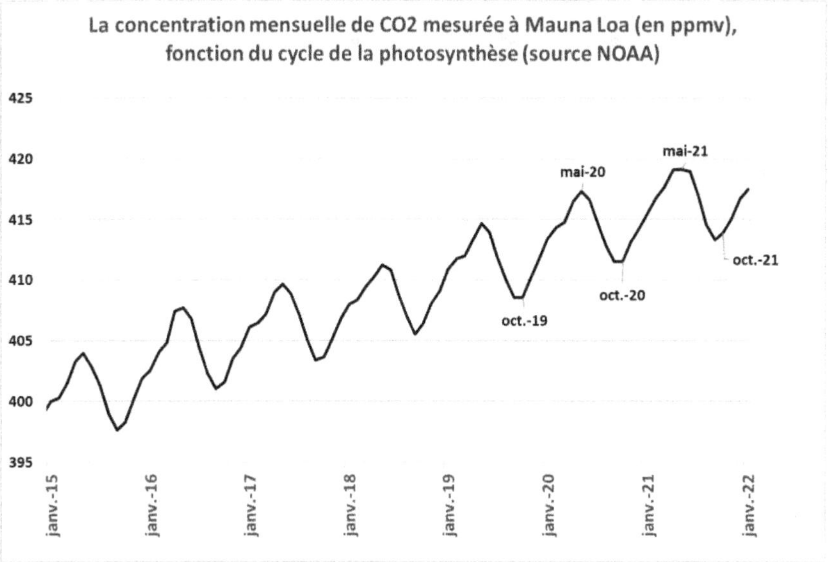

Figure 22. Les oscillations de la concentration de CO2 dans l'atmosphère suivent le cycle de la photosynthèse.

Dans l'hémisphère nord, nous relevons un maximum en mai, et des ondulations beaucoup plus accentuées ; dans l'hémisphère sud, peu couvert de végétation, les cycles, en opposition, se révèlent beaucoup plus modérés.

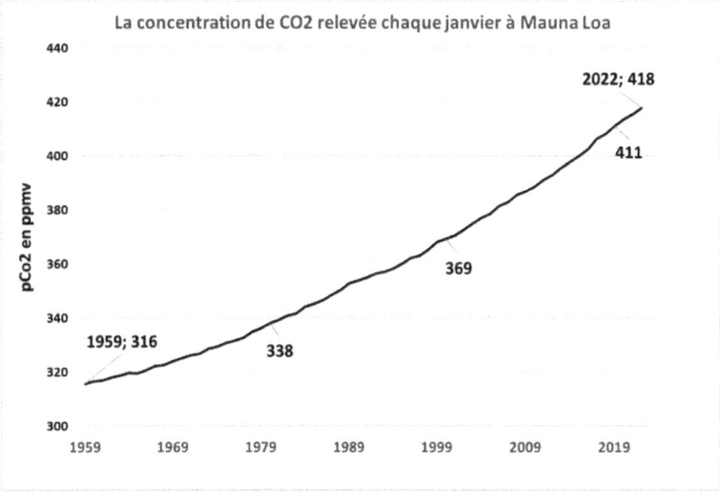

Figure 23. La concentration de CO2, relevée en janvier à Mauna Loa

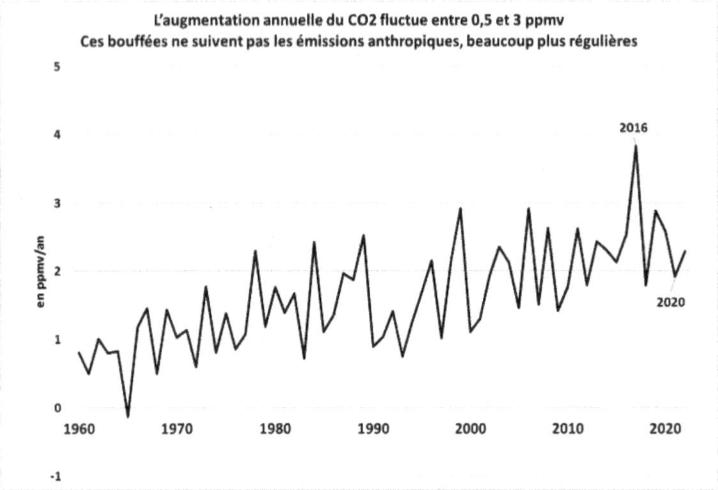

Figure 24. L'augmentation annuelle de la concentration de CO2.

Les émissions de CO2 dans l'atmosphère ont été multipliées par 4 au cours de ces 50 dernières années. Heureusement, notre planète aurait réussi, par ses puits de carbone, à capter la moitié du carbone contenu dans ces rejets. Les océans et la végétation participent ainsi activement à la lutte contre le réchauffement climatique. Mais pour combien de temps encore ?

En effet, la capture globale du CO2 peut fluctuer d'une année ou d'une décennie à l'autre. Elle a par exemple diminué de 1990 à 2000 et crû entre 2000 et 2010. Les amplitudes très variables d'une année à la suivante reflètent les températures assez nuancées de la zone intertropicale de dégazage océanique.

Le flux net annuel de CO2 fluctue en fonction de l'augmentation de la température du sol.

Une fois les montées annuelles portées sur un graphique, il est observé des écarts doubles de celle provoquée par l'activité humaine. Les évolutions des conditions naturelles expliquent le caractère oscillant du taux de CO2 d'une année sur l'autre. Le flux de CO2 résidant dans l'atmosphère dépend du taux d'émissions anthropiques de CO_2, modulé par la température à la surface de la planète. Nous relevons un décalage de quatre mois entre le maximum de température et celui du CO_2.

La température ne provoque pas l'augmentation, mais une fluctuation autour de l'accroissement.

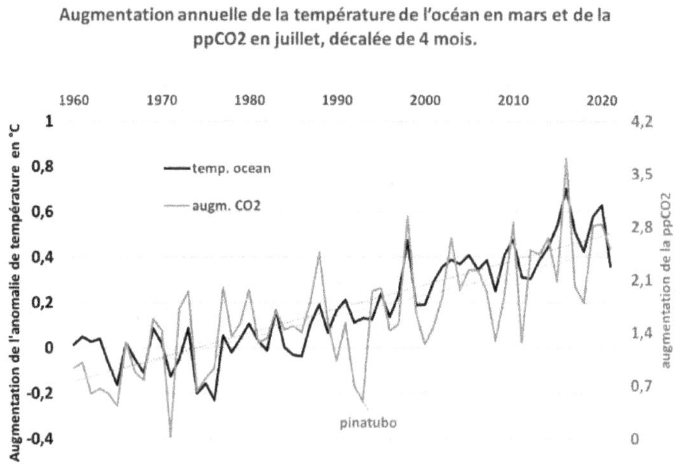

Figure 25. L'augmentation annuelle de la température des océans induit les fluctuations du CO_2 dans l'atmosphère, quatre mois plus tard.
La répercussion primordiale d'une éruption volcanique Pinatubo produit une réduction du CO_2 atmosphérique par les effets refroidissant des nuages associés aux débris volcaniques. La chute des émissions de CO_2 en 2009 ne se traduit par aucun changement de température et une très faible variation du CO_2 atmosphérique, comme en 2020.

La pression atmosphérique du CO_2 est soumise au cycle saisonnier de la chlorophylle, aux fluctuations annuelles, liées à la température des océans, et à leur capacité d'absorber le CO_2. Elle dépend surtout de l'historique des émissions.

Le CO_2 atmosphérique suit les anomalies de température de l'océan quatre mois plus tard, modulant ainsi les émissions humaines. L'augmentation du CO_2 atmosphérique s'élève à 2,5 ppm, due aux émissions anthropiques, auxquelles s'ajoute une modulation de 0,7 ppm liée à la fluctuation de la température des océans.

Revenons à notre bilan :

Le CO_2 anthropique émet chaque année 9 GtC dans l'atmosphère. Introduisons le carbone 14, un excellent marqueur, pour suivre les déplacements du CO_2.

Le carbone 14 est surtout créé par les rayons gamma du Soleil dans la haute atmosphère terrestre où il est chimiquement incorporé au dioxyde de carbone. Il est transporté par les vents vers le sol, et autour de la planète. Les organismes vivants absorbent un mélange de carbone « régulier » (carbone 12) et du carbone 14. Une fois qu'un organisme meurt, le carbone 14, radio-actif, se désintègre en fonction du temps. Le carbone des combustibles fossiles enfoui sous terre depuis des centaines de millions d'années ne contient plus du tout de carbone 14. Le carbone provenant de sources biologiques récentes, en revanche, montre un signal clair de carbone 14. Les essais atomiques ont augmenté la teneur en carbone 14 de 100 % en 1963, de 20 % en 1990. Les mesures de carbone 14 résidant dans l'atmosphère 50 ans après les expérimentations atomiques nous donnent une idée des interactions de CO_2 entre l'atmosphère et les réservoirs dans le sol.

Le CO_2 d'origine humaine disparaît après 10 ans. Chaque année, 210 GtC/870 GtC, soit 25 % de l'atmosphère sont échangées entre l'atmosphère, les océans et la végétation. Les molécules anthropiques se retrouvent donc diluées de 20 % chaque année. Leur accumulation sur les dernières années devient alors : 9 + 7,2 + 5,8 + 4,6 + 3,7 +… Soit environ 40 GtC pour les 30 années passées, soit 5 % de l'atmosphère actuelle. Voilà pour la provenance et l'évolution du CO_2 anthropique. Nous observons un fort taux de son renouvellement remplacé par du CO_2 naturel.

Comment la Terre gère-t-elle le surplus provoqué par les émissions d'origine humaine ? L'accroissement en masse est régi par la quantité nette incorporée dans les océans et la végétation, année après année, entre 1 et 7 GtC, soit la moitié des émissions. Tout dépend de la capacité des puits à l'absorber. La corrélation entre les émissions cumulatives et la hausse du taux dans l'atmosphère est presque parfaite ; les relevés nous indiquent un ratio de 53 %. Plus le contenu de CO_2 dans l'atmosphère est élevé, plus il pénètre dans les océans. Les molécules de CO_2 anthropiques cèdent la place aux molécules de CO2 naturelles. Si la concentration atmosphérique de CO2 devient forte, des molécules sont fréquemment arrachées à l'air. Si elle reste plus faible, une molécule individuelle se contente de flotter et de se faufiler dans l'atmosphère pendant longtemps sans entrer en contact avec la surface.

Peu importe combien nous accentuons chaque année. Les plantes, les océans et les sols réagissent au surplus atmosphérique et non à la quantité ajoutée par l'homme.

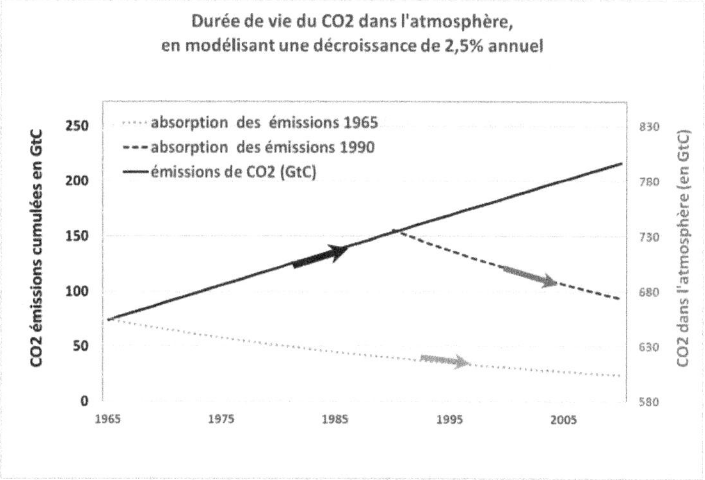

Figure 26. La durée de vie du CO2 dans l'atmosphère

Les puits captent ou séquestrent chaque année environ 1 % de l'excédent supérieur au niveau d'équilibre de 570 GtC (ou 275 ppm) observé depuis un siècle. La durée de vie massique de ce supplément fait l'objet de désaccords. En combien de temps toute injection de CO2 dans l'atmosphère est-elle absorbée pour moitié : 27 ans ? Moins ? Plus ?

L'augmentation de la pression partielle de CO2 croit à hauteur de 53 % des émissions cumulées. Nous en déduisons une séquestration annuelle de 2,5 %, ces 60 dernières années.

La demi-vie massique de l'excédent s'élève à 27 ans. Si nous arrêtons aujourd'hui toutes les diffusions de CO2, 27 ans deviendront nécessaires pour que l'accroissement, débuté à la révolution industrielle, de 100 ppm descende à 50 ppm. Toute injection de CO_2 dans l'atmosphère est absorbée aux deux tiers par l'océan en 39 ans.

Les oxydants, tel le CO_2, présentent une grande stabilité. Beaucoup d'énergie est requise pour les éliminer. Dans l'atmosphère, le CO_2 demeure un élément stable. Deux facteurs naturels modifient sa concentration : les pressions partielles à la surface de l'océan, et la photosynthèse. Vu le délai de 27 ans constaté pour obtenir une diminution de moitié de la densité présente, nous ne retrouverons pas immédiatement le climat des années 1900.

L'augmentation actuelle du CO_2 atmosphérique est due aux émissions fossiles.

Le surplus lié aux émissions fossiles est mélangé rapidement au CO_2 naturel. Néanmoins, il représente le principal contributeur à l'élévation nette annuelle de la concentration atmosphérique. Les fluctuations annuelles résultent des capacités des puits. La réduction des surfaces forestières participe à affaiblir cette efficacité. La température joue un rôle sur la solubilité des océans. Si la température monte de 1 °C, le dégazage des mers tropicales augmente de 16 ppm et l'absorption dans les eaux froides diminue d'autant. Elle ne peut donc contribuer à la hausse de 100 ppm observée depuis 60 ans.

La Terre séquestre effectivement 47 % des surplus émis depuis 60 ans, même lorsque les effluves deviennent importants. L'action combinée des océans, de la biomasse et des dépôts de carbone participe à la manœuvre. Nous constatons des émissions biologiques pouvant représenter la moitié des variations globales, certaines années. Elles apparaissent en fonction des événements El Niño. Elles sont reprises les années suivantes. Au total, la modulation naturelle peut s'élever à 25 % des fluctuations totales observées.

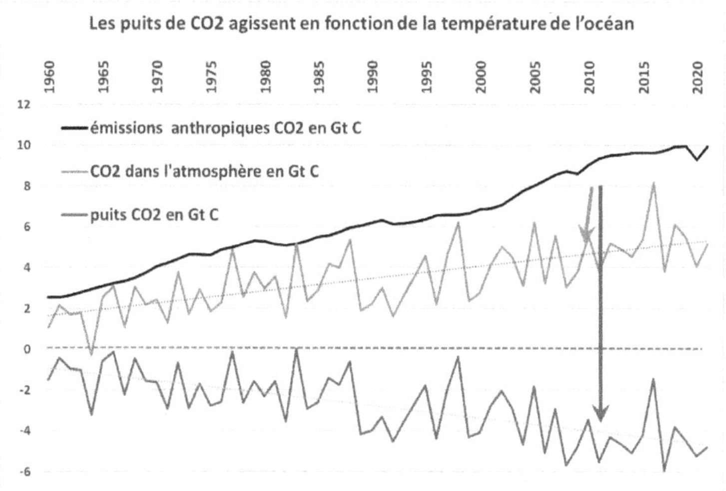

Figure 27. Les puits de CO2 des océans agissent en fonction de la baisse de la température.

Ces accroissements nets annuels de CO2 d'une dizaine de GtC se diluent dans la réserve atmosphérique de 870 GtC, l'augmentant de 1,2 % net par an et de 30 % depuis 60 ans. Simultanément, chaque année trois mouvements prennent place à des saisons différentes. 14 % du stock est recyclé par l'intermédiaire des plantes puis émis 12 mois plus tard. 11 % sont captés dans les régions froides des océans et émis une nouvelle fois au niveau des tropiques plusieurs années après. 0,75 % du surplus atmosphérique est capté et enfoui dans le sol et les mers. Les émissions anthropiques apparaissent comme le principal responsable de l'accroissement net de la concentration atmosphérique du CO2. L'augmentation de la température observée depuis 60 ans (0,9 °C) certes a affaibli l'absorption des océans de 3 ppm. Son rôle reste néanmoins minime en comparaison des émissions anthropiques, trente fois plus puissantes.

De nos jours, le flux du CO2 est dirigé de l'atmosphère vers l'océan. Nous observons que l'atmosphère présente une surpression partielle moyenne de CO2 de 7 ppm par rapport à la mer. Les puits de CO2 régulent la teneur du gaz dans l'air. Leur capacité à absorber est modulée par la température de l'océan.

Leur inertie stabilise le niveau de CO_2, et limite ses fluctuations en hausse ou en baisse, au maximum à 2,5 % par an.

Dans ce contexte, les politiques de réduction des émissions n'entraînent qu'un effet minime sur le CO_2 atmosphérique et aussi sur le climat. Le CO_2 contenu des océans, cinquante fois plus important que dans l'air, compenserait immédiatement l'absence des émissions fossiles par dégazage.

Ce surplus de CO_2 ne montre aucune conséquence secondaire. Il ne présente aucun danger à court terme.

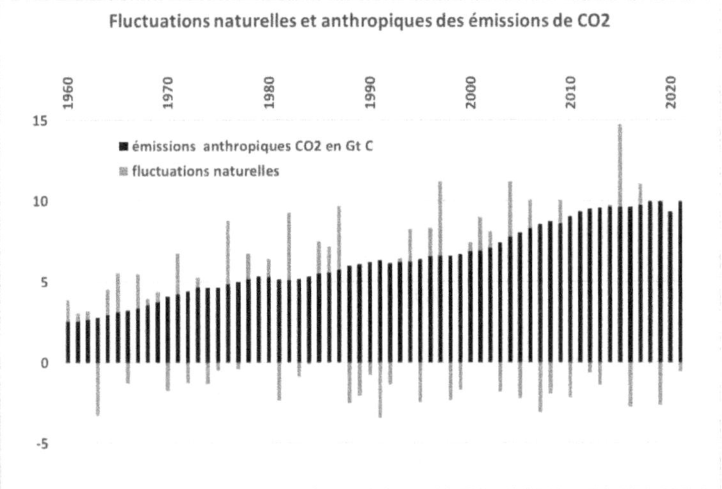

Figure 28. Fluctuations naturelles et anthropiques des émissions annuelles de CO_2.

Cet excès de CO_2 contribue-t-il à l'accroissement de la température ?

Le CO_2 absorbe une petite partie des infrarouges. Cette énergie est relâchée sous forme de photons, mais elle est beaucoup plus souvent captée lors de collisions avec les autres molécules d'air, à basse altitude. Elle participe donc au réchauffement local. Contenu de l'infime densité du CO_2, l'effet demeure très faible. Le CO2, même en hausse, reste un composant mineur de l'atmosphère, dilué

à l'état de traces, à hauteur de 0,04 %. Une part très modeste, comparée à la densité de l'air, 2 500 fois plus importante, et comparée à celle de l'eau, un million de fois plus abondantes. Difficile de jouer les premiers rôles, sauf si les autres acteurs s'effacent. Le doublement de la quantité de CO2 n'y changera rien. Tout au plus, l'augmentation de la concentration restreint très légèrement la largeur déjà bien étroite de la fenêtre de transparence aux infrarouges. Le rayonnement de l'air se produit quelques centaines de mètres plus bas, réduisant à la marge le solde net de l'échange énergétique entre le sol et l'air, dans la bande d'absorption du CO2. Sur 24 heures, la Terre ne transmet quasiment pas de chaleur par rayonnement entre la surface et la basse atmosphère. Nous devons admettre que dans la plus grande partie du spectre, aucun transfert d'énergie par rayonnement n'a lieu : l'atmosphère se présente opaque, ou transparente. L'utilisation d'un radiomètre pointé successivement vers le ciel et vers la terre vous convaincra en quelques minutes.

C'est bien le sol qui échauffe l'air, l'essentiel du temps. Son incapacité à restituer la chaleur solaire par rayonnement le réchauffe ; il évacue le surplus par évaporation et convection.

Atteindre des altitudes élevées et bénéficier d'une pression minime de l'atmosphère sont indispensable pour observer un affaiblissement de l'interaction entre le CO2 et les autres molécules d'air. La molécule de CO2 a plus de temps pour se désexciter. Le gaz opaque peut alors rayonner vers le cosmos la moitié de l'énergie absorbée. La quantité de CO2 à haute altitude joue le rôle de thermostat, réduisant plus ou moins une petite partie du flux infrarouge sortant. Ce blocage entraîne de proche en proche un réchauffement de la colonne d'air. Son influence est partiellement compensée par les autres constituants présents, en particulier la vapeur d'eau. La fenêtre de transmission est opacifiée dès les premières molécules, annihilant tout arrêt supplémentaire dû à un accroissement de la concentration. Nous remarquons un effet logarithmique.

Sans la présence d'azote et d'oxygène, le CO2 bloquerait très peu les infrarouges dans l'atmosphère. La planète Mars nous présente une démonstration grandeur nature de cette incapacité du CO_2 à créer un effet de serre. Principal composant de l'atmosphère martienne, le CO_2 détecté à hauteur de 6 hPa soit une pression 15 fois supérieure à celle observée sur la Terre n'assure aucun effet de serre. Les fluctuations de température entre le jour et la nuit dépassent 60 °C. Par opposition, l'agitation thermique de l'azote, de l'oxygène et de la vapeur d'eau sur notre globe limite les variations de température par le gradient thermique gravitationnel. Nous en reparlerons.

Revenons à notre préoccupation principale, l'accroissement de température. Quels facteurs contribuent le plus ? La surpression du CO_2 joue un rôle modeste, comme nous allons le découvrir, si nous la comparons aux forces de convection, à l'influence de la vapeur d'eau, et au changement de nature des surfaces.

Le couple température-eau pilote le climat. Les océans définissent la température d'équilibre de la Terre, y compris celle de l'atmosphère, en fonction de l'ensemble des agressions dont ils font l'objet. Nous l'avons observé en 2020 et 2021.

Les échanges gazeux de l'eau à l'interface air-océan présentent beaucoup plus de puissance que ceux du CO_2, en ce qui concerne le gradient de pression et l'énergie transférée. À noter que l'eau va en majorité des océans vers l'air, lors d'une augmentation de température, en emportant sa chaleur. Le CO_2 effectue le chemin inverse ; il se séquestre dans les mers et tente d'enfouir sa propre énergie. Toute hausse des émissions de CO_2 ou de température est compensée par un surplus de vaporisation. L'eau liquide contrebalance, avec facilité, les efforts de confinement de chaleur qu'opère le CO_2. À ne prendre en compte que le rayonnement, beaucoup oublient la convection, l'évaporation, les phénomènes les plus efficaces de refroidissement.

Observons au chapitre suivant, comment l'eau rejette cette chaleur dans le vide spatial. Les augmentations constatées de CO_2 entraînent-elles une hausse sur la température de l'atmosphère ? Cette hausse du CO_2 présente-t-elle un danger imminent ? Contribue -t-elle au réchauffement ? Un rôle majeur, ou bien une pâle figuration comparée à celle de la chaleur absorbée par le sol, ou d'autres composants atmosphériques ?

Qui dirige le climat, la température ou le CO2 ?

Aujourd'hui, le CO2 n'est plus le maître du réchauffement climatique contrairement à une affirmation partagée.

Anticipons sur les chapitres suivants. En période glaciaire, la surface des océans est gelée et très peu de vapeur d'eau stagne dans l'atmosphère. Le rôle du CO2 prédominant pilotait la température, en arrêtant les infrarouges. Toutes les émissions atmosphériques provoquées par les volcans ou par l'échauffement solaire restaient peu bloquées dans l'atmosphère. Les époques de glaciation, induisant un albédo deux fois plus élevé, une énergie captée en surface deux fois plus réduite et une raréfaction de l'oxygène, jouissaient d'un déséquilibre radiatif au sol plus faible, dirigé par le seul CO2.

En période chaude, la vapeur d'eau joue le rôle essentiel ; sa teneur croît en proportion de la température ; elle contribue au refroidissement de la Terre. La température commande le climat. Nous nous trouvons aujourd'hui dans ce cas. La température occupe le siège du pilote ; et nous observons qu'à long terme, le taux de CO2 dépend des émissions des combustions fossiles non absorbées pour moitié, sans intervenir sur la température des océans. Au niveau de la mer, les molécules de CO2 ayant capté un rayonnement infrarouge se désactivent par collisions, et dopent en énergie de translation les molécules environnantes d'azote et d'oxygène. La température prend le pilotage du réchauffement.

Le CO2 joue un rôle mineur dans le climat, comparé à l'influence de la température des océans. Les océans absorbent la chaleur et l'enfouissent dans leurs profondeurs, ou la renvoient dans les hautes altitudes. Rien ne sert d'obtenir une neutralité carbone de nos émissions, si la température continue à monter à cause d'autres motifs.

La température des océans a été dictée dans le passé par l'activité solaire et par le volcanisme. Aujourd'hui, divers facteurs, en particulier anthropiques, interviennent. Nous venons d'analyser les interactions à la surface de la Terre. À cette étape, étudions les échanges thermiques du côté du vide au sommet de l'atmosphère, avant d'observer les causes du réchauffement du sol et des océans.

En conclusion, l'effet du CO2 sur le réchauffement reste le sujet le plus controversé. Comprendre la contribution des fluctuations spontanées et la part des émissions anthropiques dans la hausse des températures est difficile pour nos concitoyens. Les activités humaines, en particulier les énergies fossiles, dégagent environ chaque année 9 GtC. Comparons-les aux échanges naturels annuels, de l'ordre de 230 GtC, entre le sol et l'air. La moitié des émissions anthropiques est absorbée par les océans et la végétation. Le surplus vient augmenter le stock atmosphérique de 30 % depuis 60 ans. Cet excès est résorbé à hauteur de 2,5 % par an. Un désaccord relatif au temps nécessaire pour faire disparaître le dépassement de CO2 persiste. Cette hausse de la pression du CO2 joue à la marge sur le blocage du rayonnement. La température des océans est le pilote du climat. Rien ne sert de viser la neutralité des émissions carbone, si elle continue de monter, sous l'influence d'autres facteurs.

Chapitre 5

Le réchauffement de l'atmosphère

Effet de serre et convection

Notre planète est plongée dans le vide spatial. La transition entre le sol et l'espace, appelée l'atmosphère, se réduit à une pelure très mince, de l'ordre du centième du rayon terrestre. Aucune vitre n'empêche l'air de quitter notre globe. Si le vide spatial aspire l'atmosphère, il ne l'absorbe pas. La gravité veille et retient les molécules d'air. Près du sol, leur nombre grouille ; plus nous montons en altitude, plus ce nombre, mesuré par la pression, décroît. À la limite de l'atmosphère, la pression est réduite à néant : à 30 km, nous détectons à peine un pour cent de la pression du sol ; à 200 km règne un milliardième. La gravité génère la pression atmosphérique et comprime l'air. Les molécules d'air présentent un poids ; elles auraient pu s'échapper si elles avaient disposé de plus d'énergie ; c'est-à-dire, si notre planète se trouvait plus proche du soleil ou devenait plus chaude. Heureusement, notre Terre, à la bonne distance, possède la masse suffisante pour conserver les résidus du dégazage primitif. En outre, elle tourne sur elle-même, évitant ainsi un échauffement trop important sur une seule face. La Lune, de masse plus modeste, n'a pas su préserver son atmosphère.

Les douze premiers kilomètres d'altitude de l'atmosphère, la troposphère, sont chauffés par la chaleur du sol. L'air chaud s'élève sous la poussée d'Archimède, et cède très peu d'énergie thermique à son environnement. À plus haute altitude, le nombre de molécules, plus faible, entraîne une détente adiabatique, responsable du refroidissement de l'air. Celle-là baisse de 6,5 °C par 1 000 m ; nous pouvons le vérifier lors d'une ascension en montagne. Les alpinistes subissent -42 °C au sommet de l'Everest. Le terme troposphère vient du grec *tropos*, qui signifie un tourbillon. L'instabilité de l'air, accompagnée de mouvements horizontaux et verticaux, apparaît violente, car chauffée par le bas.

En revanche, dans la stratosphère, entre 12 et 50 km, la température augmente proportionnellement à l'altitude. L'action des UV sur l'oxygène crée de l'ozone avide de rayonnement solaire ; ce réchauffement de l'air en altitude tend à former une couche d'air chaud au-dessus d'un air plus froid qui réduit drastiquement le brassage vertical de l'air. En haut de la stratosphère, le relevé de température indique -2 °C. La densité plus faible au sommet de la haute stratosphère rend cette enveloppe atmosphérique particulièrement stable, sans mouvement convectif, d'où son nom de stratosphère.

En résumé, la troposphère, la partie atmosphérique chauffée par le bas, voit s'établir un transport de chaleur par déplacement de matière vers le haut. La stratosphère, la portion supérieure sans courant convectif, est chauffée par-dessus, grâce à l'ozone.

Quand nous nous élevons, à 200 km, le refroidissement cesse, l'échauffement du soleil se ressent, et le relevé indique 400 °C.

L'effet de serre et la convection

L'atmosphère de la Terre absorbe un quart du rayonnement solaire ; elle bloque aussi la plus grande partie du rayonnement thermique provenant de la surface. Ce dernier s'échappant vers l'espace résulte principalement de la haute atmosphère froide (-18 °C), tandis que le sol est maintenu à une température sensiblement plus chaude (15 °C). C'est ce qu'on appelle à tort « l'effet de serre atmosphérique ».

Avec un CO2 totalement absent de l'atmosphère, notre planète se présenterait 3 °C plus froids. Cet écart de température semble minime comparé à l'amplitude observée dans une serre. Il se révèle important pour une si faible concentration de 0,04 % de ce composant dans l'air. Le CO2 a toujours affiché sa présence sur Terre. Depuis l'ère industrielle, sa concentration est rarement descendue, en dessous de 280 ppm. Multiplier le taux de CO_2 par deux ne doublerait pas sa contribution au réchauffement, mais l'augmenterait de seulement 0,55 °C. La fenêtre d'absorption des infrarouges est saturée. Un surplus de CO_2 ne peut bloquer plus de rayonnement à travers une fenêtre déjà totalement opaque. De manière imagée, une première dépose de peinture noire sur une vitre transparente la rend en partie opaque. Une deuxième couche ne change pratiquement rien à son opacité.

Nous ne pouvons pas calculer isolément l'effet induit par la vapeur d'eau, indissociablement liée à la présence des océans et des nuages. Sans l'influence de l'eau, et de son inertie thermique, nous observerions des écarts de température entre le jour et la nuit semblables à ceux de la Lune, exprimés en centaine de degrés. La contribution de la seule vapeur d'eau provoque un réchauffement de l'ordre de 7 °C. Le double de celui du CO_2.

À basse altitude, la vapeur d'eau immobilise le rayonnement infrarouge ; cette entrave crée de la convection. Elle agit juste à l'opposé d'un effet de serre. Nos serres horticoles en polyéthylène laissent passer le rayonnement infrarouge et arrêtent la convection. Celles en verre stoppent les deux.

Or, aucune vitre n'empêche l'atmosphère de s'échapper dans l'espace. Notre bloqueur d'infrarouge, la vapeur d'eau, ne sait pas rester sur place ; il est soumis à la poussée d'Archimède, monte et redescend en permanence dans l'air en fonction de la température, entraînant tous les composants mineurs.

À mal nommer les phénomènes, nous interdisons à nos contemporains de comprendre le mécanisme du refroidissement de la Terre, et donc d'établir le bon diagnostic. « Les bloqueurs d'infrarouge » induisent des mouvements de convection, parfois si violents, qu'ils produisent des cyclones. La vapeur d'eau reste le vecteur principal de la réfrigération du sol.

L'idée que des combustibles fossiles pourraient s'accumuler dans la basse atmosphère et la réchauffer est apparue dans les années 1938-1940. Le concept a été introduit dans un document publié par le département américain de l'énergie en 1985. Le rapport mentionnait bien le nom « effet de serre », mais comme très mal adapté ; d'où la nécessité d'en trouver un plus approprié. Je cite : « Le processus par lequel le réchauffement se produit dans une serre diffère de celui décrit ci-dessus. À cet égard, les termes “gaz à effet de serre” et “effet de serre” se révèlent des expressions erronées. (*Misnomers*) » [Rapport projetant les effets climatiques liés à l'augmentation du dioxyde de carbone p 28, DOE/ER 0237 déc. 1985]. Ce concept n'existait pas lors de mes premiers modèles d'atmosphère. L'idée ne m'était pas venue à l'esprit. Je ne détectais rien de tel dans les mesures. La température de la Terre restait stable depuis 30 ans.

Les politiques se sont précipités sur cette théorie, inadaptée. Le GIEC, Groupe d'experts Intergouvernemental sur l'évolution du climat, une formation politique de l'ONU, fondée en 1988, s'en est emparé aussitôt ; l'effet de serre est devenu la pierre angulaire du GIEC. Ce jour-là, les scientifiques ont perdu le pouvoir sur le diagnostic du réchauffement climatique, transformé en sujet politique. Par la suite, revenir en arrière sur la terminologie s'est avéré impossible. En conséquence, depuis 34 ans, nous utilisons une formulation incorrecte sur le plan technique avec tous les dégâts induits, faute d'un bon diagnostic. De plus, sortir des ornières imposées par l'ensemble des médias est difficile pour tous les physiciens. Le département américain de l'énergie avait bien interprété le danger d'une telle appellation. La serre agricole bloque la convection, et crée un milieu homogène en température. Elle diminue l'évaporation grâce au couvercle. Rien de tel dans les couches de l'atmosphère. Nous détectons une température de -60 °C à 10 km d'altitude. Les gradients de pression provoquent la convection par détente de l'air, régulent la température des moindres composants de l'air, l'évaporation, et les émissions infrarouges dans l'espace. L'atmosphère ne peut donc pas être assimilée à une serre. Certes, les composants mineurs de l'atmosphère ajoutent un léger couvercle thermique, du fait de leur présence. Mais ils ne contribuent pas à bloquer la convection ; ils sont même conduits par elle. La poussée d'Archimède entraîne les molécules de CO2, plus lourdes que l'air, à monter plus haut, à 10 km d'altitude, et à déverser leur infrarouge dans le vide spatial. Le CO2 beaucoup plus pataud que les molécules d'azote et de vapeur d'eau se trouve emporté par la foule. Les composants majeurs imposent leur loi. Nous vivons dans un milieu turbulent.

Dans la troposphère, l'atmosphère est soumise à deux phénomènes très différents, en fonction de l'altitude. Sous les 5 km, nous observons d'une part le refroidissement des courants d'air ascendants et d'autre part la dynamique des flots d'air descendants. Au-dessus de 5 km, certains gaz, tel le CO2, emprisonnent la chaleur de la Terre happée par l'espace. Ils agissent comme une couverture thermique isolante. Ces deux phénomènes sur les couches supérieures et inférieures de l'atmosphère nous éloignent de l'effet de serre, entendu au sens horticole. Dans une serre agricole, l'échauffement est provoqué avant tout par le blocage des forces de convection, très peu par la neutralisation du rayonnement infrarouge. Peu de physiciens sont présents pour rappeler le mécanisme de l'effet de serre : une élévation de la température du sol, en l'absence de convection.

Les vitres ont surtout pour fonction d'interdire à l'air chaud de monter. Rien de tel ne s'observe dans l'atmosphère terrestre. Une serre dont le toit est percé ne joue plus son rôle. Cependant, nous pouvons tous le constater, en ouvrant les fenêtres de notre voiture que, dès que la convection s'établit, l'effet de serre disparaît sans délai. D'ailleurs, personne n'installe des éoliennes dans une serre. Les composants mineurs de l'atmosphère modifient le refroidissement de la surface terrestre, en bloquant une portion des infrarouges à basse altitude. De combien leur présence rend-elle la Terre plus chaude ? En 1985, la pression partielle de CO2 mesurée s'élevait à 345 ppm ; en 2022, elle a grimpé à 418 ppm. L'anomalie de température de l'atmosphère liée au CO2 a augmenté de 0,07 °C à 0,21 °C. Ce réchauffement mérite difficilement l'étiquette, effet de serre.

Dans le vide spatial, ou en air raréfié, le rayonnement diffère des mécanismes de transfert de chaleur par conduction et convection : il ne nécessite pas la présence d'un milieu matériel pour se produire. Le rayonnement électromagnétique se concrétise par la propagation d'une collection de paquets d'énergie discrets appelés photons. Ces processus d'absorption et d'émission surviennent à des fréquences précises, dites de résonance. Chaque molécule possède donc un système de transitions bien défini, lié à un spectre de raies d'absorption propre. Ainsi qu'une couverture sur une personne endormie, les gaz à effet de serre agissent comme un isolant pour la planète. Les molécules diatomiques symétriques, telles que N_2, O_2, H_2O présentent beaucoup de transitions de rotation et de vibration, dans la gamme infrarouge. Cependant, vu que les distorsions moléculaires associées ne détiennent pas de moment dipolaire, ces gaz se caractérisent par leur transparence aux infrarouges, sauf perturbation due à des collisions fréquentes. C'est pourquoi l'azote, l'oxygène, les gaz les plus courants dans l'atmosphère terrestre ne bloquent pas les infrarouges.

L'essentiel du réchauffement des basses couches atmosphériques est lié à la chaleur transmise par le sol et à la compression adiabatique de l'air, responsable d'un gradient de 6,5 °C par 1 000 m. Lorsque l'air est comprimé, il s'échauffe. Nous observons ce phénomène à chaque utilisation d'une pompe à vélo. Dans l'air, nous assistons à la lutte entre deux forces contradictoires. D'une part, la gravité attire les molécules vers le bas en les chauffant, et d'autre part la vapeur d'eau plus légère que l'air s'élève en altitude, en emportant la chaleur du sol avec elle.

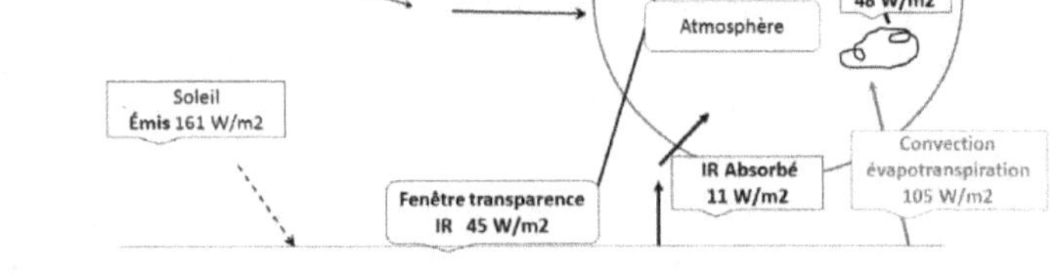

Figure 29. L'équilibre thermique de l'atmosphère

Le sol en déséquilibre radiatif reçoit 161 W/m2, et ne peut en restituer que 45 par rayonnement. Ce déséquilibre provoque le réchauffement. Il impose à l'eau des océans de changer d'état, et de se vaporiser. Le sol évacue le surplus par évaporation et convection. Les gaz « à effet de serre » contribuent à 146 W/m2 du rayonnement rayonné dans l'espace. Les 2/3 sortent depuis le sol par les forces de convection et l'évapotranspiration. Le rayonnement émis par le sol correspond au flux net entre le sol et la basse couche de l'atmosphère.

Non seulement l'air ne reste jamais en équilibre thermique, mais il se caractérise par des fluctuations journalières de 40 °C et des gradients verticaux de 70 °C. Pour expliquer les phénomènes, nous devons recourir aux cours de thermodynamique des grands maîtres : Maxwell, Clausius, Carnot, Feynman. Ils ont prouvé que le profil des températures dans l'atmosphère résulte seulement de la gravité, de la masse atmosphérique, de la pression, de la densité et des capacités thermiques. Lors d'un cours brillant, Feynman exposait la répartition du nombre de molécules suivant l'altitude et la distribution de leur vitesse. En termes plus simples, il explicitait la variation de la pression et de la température, en fonction de l'altitude. Ne démontrait-il pas qu'une atmosphère composée uniquement d'azote et d'oxygène établit le gradient de température observé dans la troposphère, sans recourir aux gaz à effet de serre ?

L'atmosphère dans la basse couche de 0 à 3 km se trouve en permanence soumise à des forces de convection qui homogénéisent les différents éléments ainsi que leur énergie. Les forces de convection et de changement d'état prédominent.

Dans la strate comprise entre 3 et 15 km, le rayonnement infrarouge prend une place de plus en plus importante, au fur et à mesure que les gaz se raréfient en fonction de l'altitude. Le CO_2 et la vapeur d'eau opaques dans certaines longueurs d'onde ne peuvent émettre des infrarouges qu'à haute altitude.

Plus leur concentration augmente dans la colonne d'air, plus cette émission se produit à haute altitude, donc à une température plus faible, source d'un rayonnement dans l'espace plus réduit. Ce déplacement entraîne un échauffement de la totalité de la colonne d'air inférieure. Le gradient thermique de l'air, imposé par la gravité, réchauffe l'ensemble de la colonne atmosphérique de proche en proche, et ce, jusqu'au niveau du sol.

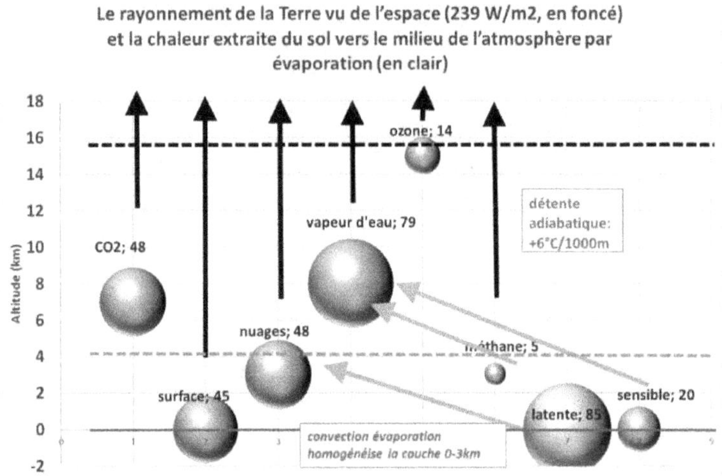

Figure 30. Le refroidissement de la surface de la Terre ; le rayonnement dans l'espace

La compression de l'air par gravité chauffe les basses couches de l'atmosphère,

Le toit de la serre se situe à une altitude de 12 km, que ne fréquente plus le CO_2. Le seul véritable gaz à effet de serre reste l'ozone.

Aux valeurs actuelles de concentration du CO_2, les émissions de ce gaz deviennent insensibles à tout accroissement de concentration. Le blocage des infrarouges joue un rôle mineur comparé à la compression adiabatique de l'atmosphère inférieure, liée à la gravité et aux molécules d'azote et d'oxygène. Néanmoins, ce blocage contribue à augmenter très légèrement la température de surface de la Terre. La vapeur d'eau représente une influence essentielle dans le transfert de chaleur du sol au sommet de l'atmosphère. Le paramètre important, c'est l'évaporation du sol.

Mentionnons que les infrarouges ne s'évacuent pas de manière identique à toutes les latitudes, mais suivant des modes différenciés, en fonction de l'humidité de l'air : beaucoup s'échappent à l'équateur, peu aux pôles.

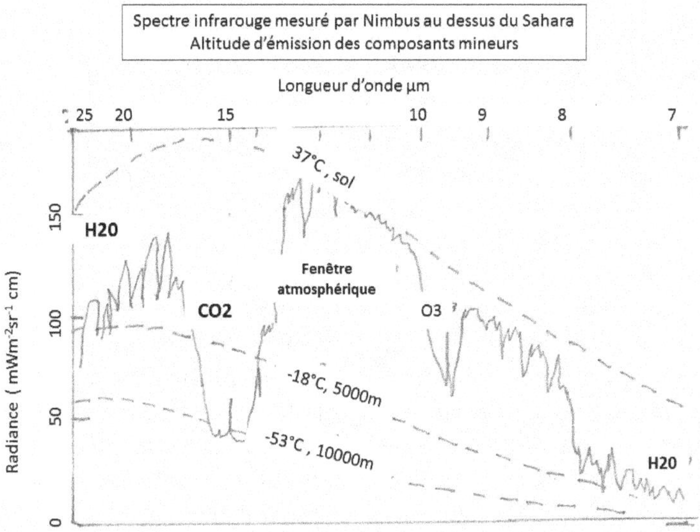

Figure 31. La Terre vue de l'espace rayonne depuis l'altitude moyenne de -18 °C.
Une partie du spectre est transparente, une autre à 15 °C ; la troisième à -55 °C.

Les mesures prises par satellite à différentes fréquences nous renseignent sur les altitudes d'émission : nous observons une partie du spectre où la température moyenne indique 15 °C. Elle coïncide à la fenêtre atmosphérique quasi transparente aux infrarouges. Son altitude d'émission correspond pratiquement à celle du sol. L'altitude d'émission la plus élevée se retrouve dans la bande d'action du CO2 à -55°, au niveau de 10 000 m. La bande d'absorption de la vapeur d'eau émet à -18 °C, le niveau de 5 000 m.

L'atmosphère freine le retour de l'énergie dans l'espace, mais ne le bloque pas.

En haut de l'atmosphère, la Terre restitue la totalité de l'énergie solaire reçue, 239 W/m2 (une énergie équivalente à -18 °C).

L'équilibre thermique de notre planète exige une température moyenne d'émission de -18 °C, en haut de l'atmosphère. À cette température, le flux sortant équilibre le flux solaire absorbé. Les concentrations respectives du CO_2 et de la vapeur d'eau déterminent à quelle altitude leur rayonnement doit avoir lieu. Le gradient thermique gravitationnel et la convection déplacent alors verticalement toute la colonne d'air, en respectant le profil de température imposé par la pesanteur et l'humidité aux molécules d'air. La vapeur d'eau définit le point d'ancrage. À cette altitude, de grosses imprécisions sur la concentration moyenne de la vapeur d'eau, le rôle des nuages ou le remplacement de la vapeur d'eau par des cristaux de glace se manifestent.

Nous pourrions penser qu'une quantité plus forte de CO_2 permette d'émettre plus de rayonnement dans le cosmos, au sommet de l'atmosphère. Les mesures démontrent le contraire. Le flux émis est fonction de la température, et non de la concentration. L'augmentation de celle-ci restreint très légèrement la largeur déjà bien étroite de la fenêtre de transparence aux infrarouges, et atténue donc le très faible rayonnement infrarouge traversier. Ce dernier est remplacé par des émissions plus froides, émises à plus haute altitude.

En bas de l'atmosphère, le sol à 15 °C, peine à évacuer dans l'espace par rayonnement l'énergie solaire reçue 161 W/m2. L'atmosphère ne le bloque pas.

Nous pouvons nous étonner de cette différence de niveaux d'équilibre, entre le haut et le bas de l'atmosphère. L'énergie solaire absorbée au niveau du sol apparaît plus faible qu'en haut de la troposphère. Un tiers ayant été absorbé par l'atmosphère, au passage du trajet aller. Néanmoins, le blocage des infrarouges rend plus difficile l'évacuation de cette énergie, lors du trajet retour. L'atmosphère recourt au changement d'état de l'eau, pour limiter l'échauffement. Elle expulse 80 W/m2 par évaporation, suivie d'une condensation en altitude. La différence de température entre le bas et le sommet de l'atmosphère est imposée par le gradient de gravité thermique (6,5 °C/1 000 m), dont le point d'ancrage se situe à l'altitude de -18 °C. La plus grande partie des infrarouges, évacuée dans le cosmos, ne provient pas du sol, mais de l'atmosphère. L'émission moyenne a lieu à environ 5 km d'altitude. À cette hauteur, nous observons la température de -18 °C, soit plus froide de 33 °C que le sol à 15 °C. La même valeur que la moyenne des énergies observées depuis l'espace. Si la concentration de CO_2 augmente, les molécules vont émettre dans l'espace depuis à une altitude supérieure. L'équilibre thermique en haut de la troposphère n'est plus assuré. L'ensemble de la colonne d'air se réchauffe, pour respecter le gradient thermique de température. À l'altitude d'émission du CO_2, 8 000 à 10 000 m, le gradient thermique devient particulièrement faible ; la température d'émission ne peut pas descendre plus bas. Les variations de CO_2 présentent finalement en première approximation peu d'effet. L'action du CO_2 est saturée. Peu importe son accroissement, son intervention s'avère de plus en plus inopérante.

Le rayonnement n'effectue aucun transport de chaleur au sein de la troposphère. Il est supplanté par la convection et la condensation. En revanche, les radiations se révèlent le phénomène dominant de transfert d'énergie aux deux extrémités : vers le cosmos et depuis le sol. Ces phénomènes sont connus depuis très longtemps, depuis un demi-siècle, lors de la création des premiers modèles météorologiques. La gravité joue le rôle primordial sur la redistribution verticale des molécules d'air en fonction de leur énergie, et donc sur la répartition des températures. Une source extérieure d'énergie s'avère indispensable pour maintenir l'ensemble énergétique de la colonne d'air. C'est la fonction des infrarouges et de l'énergie solaire (78 W/m2). Sans l'apport d'énergie solaire et d'infrarouge pour gonfler l'atmosphère, telle une chambre à air, la convection, le gradient thermique et l'effet de serre n'existeraient pas. La concentration des composants mineurs intervient à la marge en créant un décalage global de la température dans toute la colonne d'air, comme agirait un thermostat.

L'épaisseur de la tropopause décroît de 16 km à la verticale de l'équateur à 7 km au pôle. La chambre à air grossit deux fois plus à l'équateur, soumise à un éclairement solaire plus important. Sous l'emprise du gradient thermique, le point bas de la colonne d'air à l'équateur se retrouve 29 °C plus chaud que son homologue au pôle (4,5 km x 6,5 °C/km).

Ce modèle a été décrit depuis 60 ans par Manabe, récent prix Nobel de physique, en 2021. Le jury Nobel a réfléchi longtemps pour admettre que l'explication, purement radiative, publiée depuis un siècle par leur compatriote Arrhénius ne correspondait plus aux mesures relevées aujourd'hui. Le paradigme « radiatif-convectif » plus proche de la réalité n'est toujours pas enseigné dans les livres de physique, et sur les sites Internet.

Le surplus de chaleur créé par le CO2, peut-il se transmettre à l'océan ?

Le rayonnement infrarouge pénètre peu dans l'eau, de quelques centimètres. Pour maintenir un état stable, l'atmosphère et l'océan doivent transférer conjointement une partie de l'excédent de chaleur des tropiques vers les latitudes élevées, pour compenser l'éclairement solaire hétérogène de la planète. L'équateur perçoit 240 W/m2, les pôles captent 60 W/m2, quatre fois moins. Les vents et la circulation océanique entrent en action pour rétablir l'équilibre latéralement. C'est l'objet d'un chapitre ultérieur. Dans l'ensemble, les mers cèdent un tiers de l'énergie solaire absorbée, par rayonnement. 50 W/m2 à toutes les latitudes. Une grande partie est envoyée directement dans l'espace. Quand l'océan devient plus chaud que l'atmosphère, l'air au contact de l'océan se réchauffe et monte. Nous observons un phénomène de convection naturelle participant au renouvellement de l'air et donc les échanges de chaleur. La conséquence induit que l'océan reste plus chaud que l'air de 0,7 °C en moyenne. Un écart de température, limitant le rayonnement entre air et océan, sauf dans les régions glaciaires et lors des fluctuations journalières.

Les transferts entre le sol et l'atmosphère se présentent très dissymétriques : chaque fois que dans une zone géographique, l'océan peut se refroidir, il transmet son énergie. En revanche, la capacité de l'air à réchauffer la mer reste minime ; la conduction s'opère mal, sous l'emprise d'un gradient de température faible. L'océan se refroidit par rayonnement et évaporation. L'évaporation y prélève 120 W/m2 à l'équateur et se révèle sans effet aux pôles. La couche basse de l'atmosphère est contrainte de faire appel à l'évaporation de l'océan pour se refroidir. L'océan dispose d'outils puissants pour évacuer la chaleur. En revanche, l'air, un très bon isolant, peine à évacuer son surplus de chaleur et ne le transmet pas à l'océan. La réponse en température à un flux d'énergie dépend de l'inertie thermique des matériaux. Or l'eau présente une inertie 30 fois plus élevée que l'air et le sol en révèle une 40 fois plus forte. Nous mesurons une variation de température de l'eau 30 fois plus faible pour le même taux d'énergie reçue.

Les deux niveaux le sommet de l'atmosphère et la surface doivent tous les deux maintenir leur équilibre thermique. L'atmosphère essaie de compenser de manière plus ou moins rapide, parfois violente. Le sol subit les fluctuations du soleil et procède à l'enfouissement de la chaleur dans ses profondeurs.

La capacité thermique de l'atmosphère très faible, le millième de celle des océans, se révèle inapte à accumuler une quantité de chaleur significative. Le sommet de l'atmosphère s'équilibre en quelques jours, la base au niveau de l'année, au rythme des saisons. Les instabilités ne peuvent perdurer. L'atmosphère cherche sans cesse à compenser les écarts des deux bilans. Bilans eux-mêmes dans un déséquilibre permanent.

Comment voulez-vous porter des jugements péremptoires sur des amplitudes aussi petites et de plus sur des valeurs fluctuantes ?

Nous devons admettre que la hausse de température de l'océan et du sol ne provient pas du CO2. Ce dernier n'est pas le seul responsable du réchauffement observé aujourd'hui de la planète Terre. Et la voie privilégiée pour évacuer la chaleur du bas de l'atmosphère reste le cosmos.

En passant de 278 ppm à 418 ppm, la teneur en CO_2 a augmenté de 30 % depuis 60 ans ; elle participe au blocage d'une partie du rayonnement infrarouge émis vers l'espace. Son effet devient de plus en plus faible, par suite de l'absorption de plus en plus saturée des canaux. Selon les données du satellite ERBE, cette progression a bloqué 1,42 W/m2 d'énergie. Ce phénomène participe à accroître la température du bas de l'atmosphère de 0,21 °C. Comparons-le à la contribution totale du CO_2, de 48 W/m2, évacués lors du refroidissement de la Terre, soit 3 % supplémentaires.

De même, lorsque le méthane passe de 1,36 ppm à 1,86 ppm, l'énergie immobilisée se monte à 0,46 W/m2 ; ce blocage entraîne une hausse de la température de 0,06 °C…

Nous devons le reconnaître en analysant les informations prises par satellite. Le CO_2 contribue à 0,21 °C au réchauffement du bas de l'atmosphère depuis 1960. Toutes les mesures démontrent un échauffement du sol de 0,6 °C et un échauffement de l'air de 0,9 °C. Déduisons qu'existent d'autres effets naturels ou anthropiques à l'origine de ces valeurs. Notre enquête a pour objectif de débusquer ces composants.

L'océan a subi une augmentation de température plus faible que l'air depuis 30 ans, Pourquoi les températures de l'air au niveau du sol et de la surface divergent ? Elles ont toujours suivi le même parcours jusqu'en 1970. Le sol transmet ses fluctuations à l'air. Cette dernière y superpose le réchauffement du CO_2, du méthane, sans toucher au bilan radiatif du sol. La modification de la composition de l'air, en particulier de l'humidité, révèle une structure différente, indispensable pour absorber les écarts de bilan entre le haut de l'atmosphère et le sol.

Les fluctuations thermiques de l'océan témoignent de l'historique des apports énergétiques. Nous exposerons ultérieurement les causes et les remèdes. Contrer le réchauffement climatique, c'est d'abord lutter contre les énergies anthropiques et essayer de les diminuer. Pour cela, consommer moins, isoler mieux les maisons, et ne pas accroître la part du gaz sont la bonne voie à suivre.

Quant au méthane, s'attaquer aux énormes fuites de gaz et aux déchetteries en plein air diminuerait sa concentration. La hausse de la température moyenne due au CO2 des énergies fossiles dépend du type d'énergie exploitée : leur utilisation en croissance ou en déclin va modifier la température de la planète.

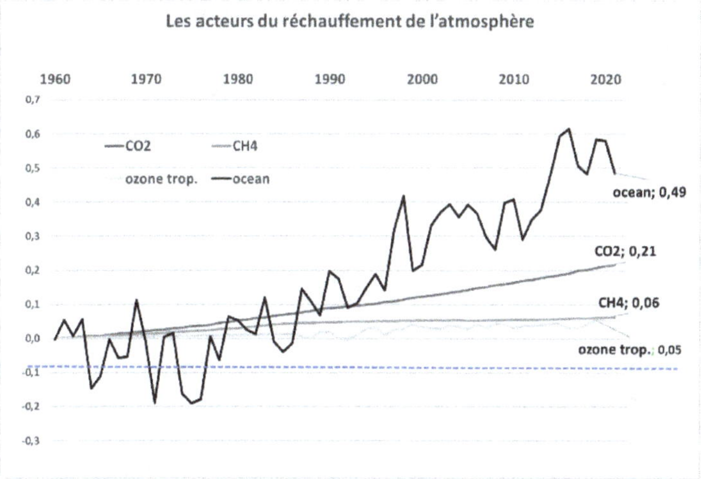

Figure 32. Les acteurs du réchauffement de l'atmosphère

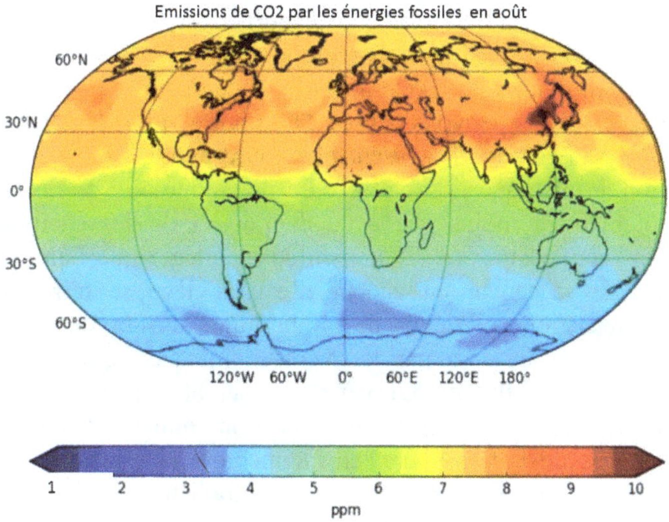

Figure 33. La répartition géographique des émissions de CO2 (Source NOAA)

La production électrique se traduit par un rendement de 40 % d'énergie électrique et de 60 % de chaleur, souvent perdue. La chaleur se transporte beaucoup moins bien que l'électricité. Elle est en général considérée comme un déchet. Grâce à la cogénération, l'efficacité peut atteindre 80 %. Seulement un quart des centrales nucléaires la pratique. D'où son importance et l'utilisation de l'énergie résiduelle.

La vapeur d'eau

Notre globe ne ressemble pas encore à une planète morte minérale. Elle est animée par le cycle de l'eau, source de vie. Dans la vision du monde de Léonard de Vinci, ce cycle jouait un rôle identique au sang dans le corps humain. La quantité d'eau reste constante sur Terre, même si elle est inégalement répartie. Toujours présente sous des formes diverses : solide, liquide, gazeuse. L'homme a insidieusement modifié le cycle de l'eau.

Faute de pouvoir se refroidir par mélange avec les couches les plus profondes, les océans chauffés par le haut opèrent par changement d'état, par l'évaporation.

L'air humide se révèle plus léger que l'air sec, contrairement à ce que nous pouvons penser. Dans notre vie de tous les jours, les torchons humides pèsent plus lourd que les secs et le sable humide plus que le sable sec. La masse molaire de l'eau pèse notablement moins que celle de l'air et de ses composants, l'oxygène et l'azote. L'air humide plus léger que l'air sec, du fait de sa teneur en vapeur d'eau, s'élève se refroidit. La condensation partielle de l'humidité forme des nuages, transportés au loin par les vents dominants. L'air sec perd 9,8 °C par 1 000 m. La vapeur d'eau atténue ce gradient à 6,5 °C. D'une part, la gravité accroît la température des basses couches de l'atmosphère, en augmentant la pression. D'autre part, la vapeur d'eau diminue le gradient en entraînant la chaleur dans son ascension.

Plus l'air au-dessus de l'océan devient chaud, plus il peut contenir de vapeur d'eau. Nous générons beaucoup de vapeur d'eau sans le savoir : 1 kg d'essence en fournit 1,4 kg ; le gazole 1,2. C'est plus que du CO2. Nos centrales thermiques nucléaires en produisent d'énormes quantités, visibles à la sortie des tours aéroréfrigérants. Cette création de vapeur d'eau finit par se condenser sous forme de précipitation ou de nébulosité. Au bout de 14 jours, elle disparaît, mais un flot continu, toujours plus important s'établit.

La molécule de vapeur d'eau, deux fois plus légère que celle d'oxygène ou d'azote, prend donc de l'altitude grâce à la poussée d'Archimède. En se levant dans l'atmosphère, elle perd sa chaleur sensible, mais elle conserve sa chaleur latente qu'elle ne peut libérer qu'en devenant de l'eau liquide. La *chaleur sensible* altère la température d'une matière ; par opposition, la chaleur *latente* modifie l'état physique d'un corps. Les molécules d'eau, éjectées dans l'atmosphère pour former la vapeur d'eau, transportent l'énergie utilisée pour s'échapper de la masse d'eau. Cette énergie est libérée dans l'environnement lorsque la vapeur retourne à l'état liquide.

Cette très grande abondance de vapeur d'eau produite réchauffe le froid qui descend sur les glaciers, les régions polaires et les déserts. Ces derniers deviennent de moins en moins froids.

Cependant, la vapeur d'eau ne contrôle pas la température de la Terre ; elle est plutôt gouvernée par la température. En effet, la température de l'atmosphère environnante limite la concentration maximale de vapeur d'eau que l'atmosphère peut retenir. Si un volume d'air contient sa quantité maximale et que la température diminue, une partie de la vapeur d'eau se condense pour former de l'eau liquide. C'est pourquoi les nuages apparaissent lorsque l'air chaud incluant de la vapeur d'eau augmente.

La température de la Terre s'est élevée à un niveau assez chaud pour que la civilisation humaine se développe au cours des derniers millénaires. Elle est contrôlée par des gaz non condensables, principalement du dioxyde de carbone, du CO2, avec des contributions plus faibles de méthane, CH4, protoxyde d'azote N2O et ozone O3.

Nous pourrions penser que l'addition des gaz non condensables entraîne une hausse de la température ; cette hausse induit une augmentation de la vapeur d'eau, responsable d'un accroissement supplémentaire de la température ; nous sommes devant un effet de rétroaction positif. En réalité, nous observons une modification importante de l'humidité de l'air depuis de nombreuses années. Cette dernière s'intensifie à basse altitude, et régresse à haute altitude. La quantité de vapeur d'eau autour de 7 000 m régule en permanence le rayonnement de notre planète vers l'espace. Si la vapeur d'eau diminue à cette altitude, le rayonnement de la vapeur d'eau émanera des couches inférieures et plus chaudes. Ce phénomène est aperçu depuis 1950, et depuis quarante ans, depuis le début de l'existence des observations satellitaires. Nous mesurons une légère élévation, liée à la vapeur d'eau, du rayonnement du globe vers le cosmos.

En émettant depuis une altitude plus basse, donc plus chaude, la vapeur d'eau compense une partie du blocage du CO2.

Le réchauffement contribue à rendre plus humides les couches inférieures de l'atmosphère et plus sèche le sommet. Les convections s'expriment sur moins de hauteur ; cette perturbation provoque des phénomènes plus violents.

Nous ne pouvons exclure que l'ajout de vapeur d'eau dans l'atmosphère génère un effet de rétroaction négatif. Ce phénomène pourrait se produire au cas où davantage de vapeur entraînerait une formation plus importante de nuages. L'équilibre réel entre la température et la vapeur d'eau reste un domaine actif de la recherche en sciences du climat.

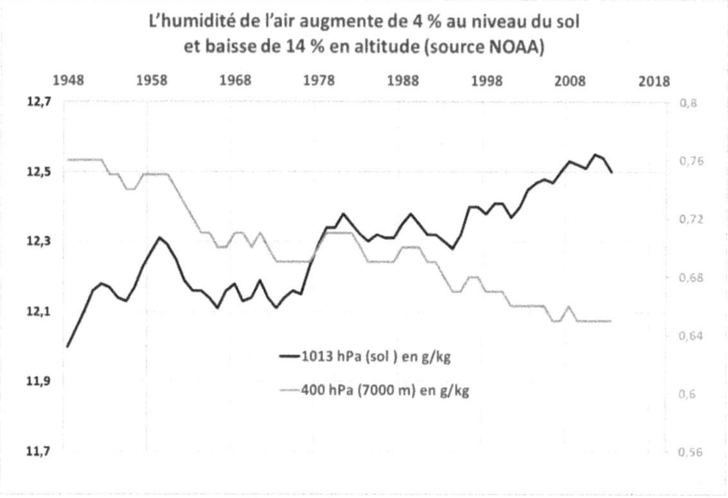

Figure 34. Depuis 1948, l'humidité de l'air augmente au niveau du sol et baisse en altitude.

La Terre ressemble à un énorme satellite lâché dans l'espace, doté d'une particularité importante : l'interface sol-air et ses capacités de vaporisation. La vaporisation de l'eau joue un rôle essentiel dans le refroidissement, par analogie au métabolisme de tout être vivant. C'est le vecteur principal du refroidissement, d'un ordre de grandeur sans commune mesure avec le rayonnement, la conduction et la convection. Pour réfrigérer une station spatiale, on va d'ailleurs faire appel à l'eau. Cette eau est enfermée dans des circuits pour éviter qu'elle flotte en minuscules gouttelettes, en l'absence de gravité. Et les radiateurs se situent à l'extérieur de la station.

À des fins d'intercomparaison des modèles informatiques, le GIEC impose d'utiliser des profils bloqués. Les simulations deviennent de moins en moins conformes à la réalité observée, mesurée, car ils ne prennent pas en compte les modifications de nature des sols de plus en plus perturbés par l'homme. Ils n'intègrent pas la correction au réchauffement apporté par la vapeur d'eau. D'où les valeurs excessives de prévisions du réchauffement futur, sans rapport avec la vérité.

Le rôle de la forêt

La serre joue son rôle tant que les écarts de température restent modérés. Par une journée très chaude, le jardinier recourt à l'évaporation ; il arrose ses plantes. La planète réagit pareillement pour la réguler sa température. Au niveau des tropiques, l'évaporation limite le réchauffement. Au cas où l'évapotranspiration créée par les forêts disparaîtrait, le sol pourrait très vite atteindre des températures considérables.

Introduisons l'évapotranspiration. À mesure que le sol et les autres surfaces sèchent, l'eau est transférée dans l'air sous forme de vapeur d'eau. C'est l'évaporation. Les plantes libèrent activement de l'eau, la déplaçant de leurs feuilles et de leurs tiges vers l'air plus sec. C'est la transpiration. Les deux combinés, vous observez l'évapotranspiration — le processus par lequel l'eau quitte la végétation, les sols et de diverses surfaces.

Sur Terre, les forêts jouent un rôle essentiel dans le refroidissement du sol. L'arbre exécute une fonction de climatiseur naturel. Il absorbe la chaleur là où a lieu l'évaporation, sur les feuilles, sur le tronc. Il la libère dans les nuages, là où la condensation va produire de la pluie. Comme tout être vivant, l'arbre contient beaucoup d'eau. Cette eau emplit ses tissus et lui sert de moyen de transport interne de nutriments, à travers la sève de l'arbre qui y circule de l'extrémité des racines à la pointe des feuilles. De plus, cette eau joue un rôle de régulateur de température : la végétation doit se protéger de la surchauffe. Pour cela, la méthode de l'arbre ressemble à celle des humains : il transpire. Ses feuilles possèdent une multitude de pores, les stomates, qui s'ouvrent et se ferment en temps voulu.

Le principe de physique exploité ici correspond au même que dans la quasi-totalité des climatisations : il utilise la chaleur latente de vaporisation, cette énergie dont un liquide a besoin pour s'évaporer. Ce phénomène nous apporte de la fraîcheur quand on humidifie le corps en été. Au lieu de se produire près du sol, l'augmentation de la température atteint l'air de la haute atmosphère. Les infrarouges vont prendre le relais et l'évacuer dans l'espace. L'arbre, la forêt diminuent ainsi les températures extrêmes, en modérant et en égalisant le climat.

Cette eau absorbe de la chaleur en s'évaporant dans les lieux où il fait chaud et la restitue quand elle se condense, c'est-à-dire lorsqu'elle redevient liquide, là où il fait frais. Le bilan s'équilibre. Au passage, plusieurs effets ont été induits : d'abord, l'évapotranspiration limite les variations de température entre le jour et la nuit. Dans le désert, en l'absence d'eau, la température peut atteindre 50° le jour et devenir négative la nuit. Ensuite, le phénomène pondère les écarts de température d'une zone à l'autre, par exemple entre les plaines et les montagnes, ou encore entre le sol et le ciel. Et dans le ciel, quand l'eau se condense, elle forme des nuages. Ceux-ci produisent un effet important : ils créent de l'ombre au sol, et constituent une source claire et directe dans le rôle du refroidissement du climat.

Cette formation de nuages associée aux arbres ne représente pas le seul bienfait de l'eau émise : les arbres, plus particulièrement les conifères, émettent des terpènes, lâchés dans le ciel. Arrivés dans les hautes couches de l'atmosphère, ceux-ci aident à la formation de gouttelettes d'eau, en servant de microsupports sur lesquels l'eau peut se condenser. Les nuages deviennent ainsi deux fois plus épais au-dessus des zones boisées.

À leur tour, ces nuages créent la pluie. Cette pluie permet à la végétation de pousser, cette végétation contribue à rejeter de l'eau dans l'atmosphère... Et la boucle continue. Ce cycle se révèle essentiel. Les géographes ont dénoté que, sans la forêt, les terres émergées, situées à plus de 600 km des côtes, seraient des déserts. Sans les arbres gratifiés du rôle de pompe, l'eau n'y parviendrait même pas. L'observation du Sahara nous le démontre.

La vapeur d'eau représente un quart de 1 % de la masse de l'atmosphère. Ce pourcentage équivaut à seulement deux centimètres et demi de liquide sur toute la Terre. Le comportement de cette eau atmosphérique conditionne néanmoins la disponibilité de l'eau sur Terre. La vie terrestre, y compris l'existence humaine, dépend de cette disponibilité. Lors de mes premières années de mesure par satellite, les ingénieurs agronomes et hydrologues n'ont eu de cesse de me répéter : « *Tes mesures de température et de bilan radiatif c'est bien. Nous, un seul paramètre nous intéresse : l'évaporation et l'évapotranspiration des sols. Peux-tu l'obtenir ?* ». Ce concept d'évapotranspiration nous était peu familier.

À l'époque, en 1979, à partir des données satellites, j'ai publié les premières cartes d'évapotranspiration.

Au fur et à mesure que l'évapotranspiration se produit, elle consomme de l'énergie. C'est comme après avoir marché sous un brumisateur par une chaude journée d'été, l'eau s'évapore et refroidit notre peau. De manière similaire, elle refroidit la surface terrestre ; les zones à taux d'évapotranspiration élevés apparaissent relativement plus froides que les zones environnantes avec des taux plus faibles.

Ces différences de température à la surface du sol peuvent être mesurées avec des capteurs infrarouges thermiques suivant le même fonctionnement que les thermomètres sans contact à infrarouge utilisés par les médecins pour vérifier la fièvre.

La construction de nouvelles métropoles bloque localement l'évaporation du sol ; le déboisement de nos forêts supprime l'évapotranspiration de nos arbres. Nous créons des déséquilibres thermiques régionaux importants. L'évaporation des océans et des sols est favorisée dans les régions chaudes. La pression de vapeur saturante y est plus élevée. Le refroidissement de la Terre prend lieu principalement dans les régions tropicales. En revanche, au-dessus des pôles, à cause du froid, la vapeur d'eau absente n'évacue pas la chaleur de la Terre. En modifiant ce cycle d'évaporation aux tropiques, nous réchauffons sérieusement la planète. Le refroidissement du sol y diminue ; l'évacuation de la chaleur à haute altitude aussi. La nature reprend ses droits et expulse brutalement par les océans la libération de la chaleur rendue impossible par l'action de l'homme.

Nous constatons un effet de serre à la suite d'une réduction considérable de l'évaporation des sols terrestres. Une accumulation de chaleur dans le sol, inobservable autrefois, s'ensuit. La chaleur non évacuée localement le devient par le relais de la température des océans en hausse et de l'air au-dessus de la mer. L'évaporation confinée à des surfaces plus restreintes évolue plus brutalement, pour continuer à rejeter une quantité de chaleur identique. D'où des cyclones plus nombreux. Ils permettent de refroidir la surface de l'océan rapidement et de façon efficace. Après leur passage, nous observons une baisse de la température des océans de 1,5 °C sous leur trajectoire.

La vapeur d'eau reprend ses droits absolus et désigne le vecteur de la régulation thermique. La Terre se défend de manière « naturelle » contre l'action des hommes incapables de percevoir l'ampleur des déséquilibres qu'ils créent.

En résumé : À mal nommer les phénomènes, nous interdisons à nos contemporains de comprendre le phénomène du refroidissement de la Terre, et donc d'établir le bon diagnostic. Les scientifiques ont perdu le pouvoir sur les symptômes du réchauffement climatique, devenu un sujet politique. L'atmosphère ne peut pas être assimilée à une serre. Dans une serre, les températures montent avec l'altitude. Or sur Terre, nous observons leur chute. Certes, les composants mineurs de l'atmosphère ajoutent un léger couvercle thermique, du fait de leurs présences. Mais ils ne contribuent pas à bloquer la convection ; ils sont même emportés par elle. La poussée d'Archimède entraîne les molécules de CO2, plus lourdes que l'air, à monter plus haut, à 10 km d'altitude, et à déverser leur infrarouge dans le vide spatial. La hausse de la température dans la couche inférieure de l'atmosphère est due à la gravité par compression de l'azote et de l'oxygène. L'influence du CO2 dans le réchauffement semble particulièrement faible comparé à la compression adiabatique : 3 °C, et 0,21 °C d'augmentation depuis 60 ans. Néanmoins, il agit en modifiant l'équilibre du bilan thermique. La vapeur d'eau et l'ozone apparaissent comme les deux seuls gaz à produire un effet de serre, c'est-à-dire immobiliser la convection. Le premier demeure le plus important de très loin. CO2 et méthane méritent une autre appellation : gaz à effet de couverture. Sur Terre, les forêts jouent un rôle essentiel dans le refroidissement du sol. La construction de nouvelles métropoles bloque régionalement l'évaporation du sol ; le déboisement de nos forêts supprime l'évapotranspiration de nos arbres. Nous créons des déséquilibres thermiques locaux importants. La hausse de la température du sol est due d'abord à l'action humaine qui réduit l'évaporation, et non à une neutralisation de la convection de l'air, de plus en plus virulente.

La réduction de l'humidité à haute altitude a entraîné une augmentation du rayonnement du globe vers le cosmos. L'accroissement de l'humidité observable au niveau du sol diminue l'évaporation potentielle des océans, et induit une hausse de leurs températures de 0,6 °C. L'eau reste le régulateur privilégié pour évacuer la chaleur du sol, par évaporation.

Le CO2 contribue faiblement au réchauffement planétaire, à hauteur de 0,05 °C par décennie. Isoler et prédire les effets d'une si petite influence physique du CO2 dans un système chaotique et bruité, dont nous mesurons que des observations limitées, ne semble pas une tâche facile. Nous devons nous assurer que tous les autres phénomènes minimes de l'ordre du 1 % des flux d'énergie ont tous été pris en compte. Nous constatons un jeu de bascule entre d'une part la température de la surface du sol, et d'autre part, les altitudes d'émission des couches les plus hautes de la vapeur d'eau, du CO2, et du méthane.

L'origine grecque d'atmosphère, ne signifie-t-elle pas une balle de vapeur (atmos) ?

Pour mettre fin aux controverses, il conviendrait de relever la température et l'humidité à 8 km d'altitude, et remplacer ainsi les modèles mathématiques par des mesures fondées.

Chapitre 6

L'effet de serre du méthane

Le méthane est un gaz incolore et inodore. Pour rendre les fuites de gaz détectables au domicile des consommateurs, et ainsi prévenir du danger, les distributeurs incorporent un adjuvant malodorant (type œuf pourri). En effet, le méthane devient fortement explosif lorsqu'il atteint une concentration de 5 à 15 % dans l'air. Cet adjuvant joue sur l'odeur et peut engendrer des nuisances. Pas le méthane. Ou tout au début de la commercialisation du propane en 1932, l'entreprise Butagaz utilisait un additif sentant le jasmin pour parfumer le gaz ; une fragrance agréable très rapidement abandonnée pour des raisons évidentes de sécurité. Les gens ouvraient leur bonbonne.

L'odeur d'œuf pourri occasionné par le pet des vaches provient de gaz odorants sulfurés accompagnant le méthane.

Le méthane naturellement présent dans l'air (0,000 18 %), et cependant non toxique en plein air se révèle quasi transparent au rayonnement infrarouge. Il provoque une hausse de la concentration d'ozone à haute altitude. Une réaction chimique se crée avec les oxydes d'azote, sous l'influence du soleil. Trois millions d'années, avant notre ère, l'oxygène et le méthane occupaient la première place sur notre globe. Une diminution du méthane devenait indispensable, pour que l'oxygène gagne du terrain. L'atmosphère gazeuse de Titan, un satellite de Saturne, est constituée principalement de méthane. Elle ressemble à ce que devait être la Terre primitive autrefois, et n'évolue pas dans sa composition, car trop éloignée du soleil.

Le méthane d'origine naturelle existe à la fois sous le sol et dans les fonds marins. Il est formé par des processus géologiques et biologiques. Le plus grand réservoir de méthane se trouve dans les profondeurs sous-marines, sous forme d'hydrates de méthane. Un composé du méthane proche de la glace et qui s'enflamme.

La Nasa vient de survoler l'ensemble de la Californie pour relever les émissions de méthane. Et là, surprise ! Nous mesurons des valeurs nettement supérieures aux attentes.

Le méthane, contrairement au CO2, se comporte comme un vrai gaz à effet de serre. Son influence se manifeste à 9 km d'altitude où il bloque une partie du rayonnement infrarouge. Les émissions sont directement liées à l'activité humaine.

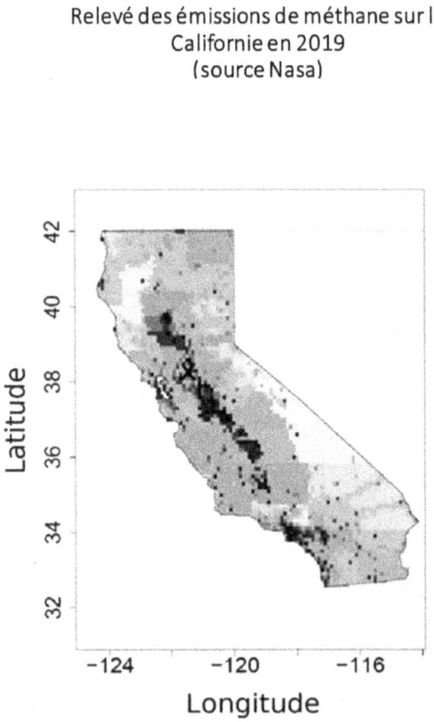

Figure 35. Les émissions de méthane au-dessus de la Californie

Allons-nous en définitive nous atteler aux véritables causes du réchauffement climatique ? Lutter contre le méthane implique de contrôler enfin les décharges en plein air à l'origine de 40 % des émissions, les installations de gaz émettrices de 26 %. Les laiteries et les composts en émettent 26 %. Se passer du lait et de sa production continue irremplaçable de protéines paraît difficile. Il convient d'agir d'abord sur les deux premières causes, moins naturelles.

Payer le recyclage des déchets, les composts et le prix du gaz à leur juste valeur semble inévitable. Cessons de taxer les pauvres automobilistes, piètres contributeurs au réchauffement. Arrêtons de substituer le couple infernal éolienne-gaz à nos installations d'énergie, et regardons les véritables motifs du désordre actuel.

Le méthane a été ignoré, en raison de sa faible concentration et de sa durée de vie de 10 ans. Depuis 2007, il se présente en forte hausse du fait de l'activité humaine, à des niveaux inattendus. Son effet sur le réchauffement pour les deux années suivant les émissions apparaît 100 fois plus important que le CO2, reconnaît le GIEC. La Nasa a jeté un pavé dans la mare, en mesurant les émissions sur l'ensemble de la Californie. Dans le monde, tous les pays revoient à la hausse les évaluations de concentration.

Comment interpréter la hausse soudaine du méthane en 2007 ? Les gaz de schiste et la fraction hydraulique ne semblent pas étrangers à ce phénomène. L'augmentation brutale du méthane dans les années 1980 s'explique par le développement de l'industrie gazière en Union soviétique. Nous devons intervenir sur le levier du méthane. D'autant que ses répercussions sur l'abaissement de la température se manifesteraient immédiatement. Cela permettrait de donner du temps à d'autres actions à effet plus lent.

Le CO2 joue un rôle bien plus faible que ne le prétend le GIEC aux yeux rivés sur l'horizon à 100 ans. Les mouvements de contestation dans le monde, par exemple les « Gilets jaunes » l'avaient senti intuitivement : « les fins de mois, avant la fin du monde ». Le GIEC est devenu un forum diplomatique, où les membres votent à l'unanimité, loin de la vérité scientifique. Oui, les politiques ont trompé la société, en décidant des actions inappropriées. Ils vont devoir reconnaître leurs erreurs et se saisir des bonnes mesures indispensables à une transition écologique réussie.

C'est donc bien aux décharges en plein air et aux fuites de gaz naturel que nous devons nous attaquer en priorité. Arrêter de développer les turbines à gaz, le biométhane… et même modérer les barrages hydroélectriques, dont les bassins dégagent du méthane ! Plutôt que de transformer le CO2 en méthane, organisons l'opération inverse.

Les nappes de méthane, observées par ENVISAT

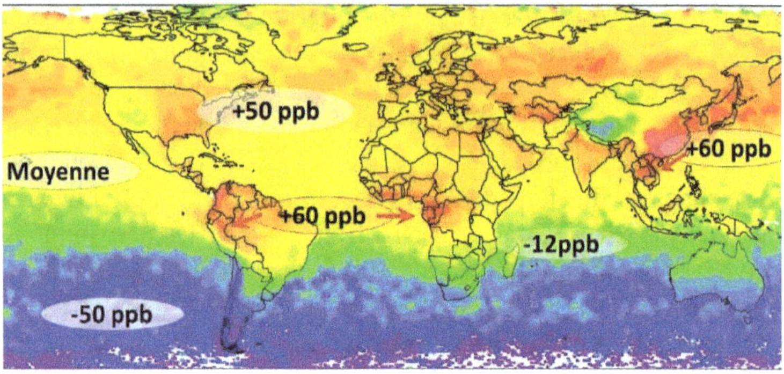

Figure 36. Les nappes de méthane observées par Envisat

Par ailleurs, la lutte contre le méthane, socialement plus acceptable que celle du CO2, apparaîtrait tout de suite visible. Devons-nous attendre 100 ans pour voir si l'origine du changement actuel est liée au méthane, d'autant que nous disposons de moyens financiers limités ? En prenant en compte l'impact du méthane à sa juste valeur, nous allons enfin pouvoir nous fier à des modèles « non apocalyptiques ». Nous gardons l'espoir d'évaluer correctement les effets de serre, et surtout de donner des montants conformes aux observations des 40 dernières années.

Les principaux lieux d'émission sont observés en Chine, en Inde, en Russie, et dans les pays émergents… contraindre ces pays à réagir est peu compatible avec la volonté politique redistributive du GIEC…

Envisat, le satellite de l'ESA, a mis en évidence les hauts lieux de pollution : le bassin du Sichuan dans le sud-ouest de la Chine, record absolu des émissions ; mais aussi de manière plus inattendue, le bassin San Juan à la jonction des quatre états américains. C'est le seul endroit des États-Unis où quatre frontières se croisent. Vous pouvez ainsi déployer un bras dans l'Arizona, le deuxième dans le Nouveau-Mexique, une jambe dans l'Utah et l'autre dans le Colorado. La confluence est située sur le plateau du Colorado dans une région désertique. Le bassin de San Juan est réputé pour ses ressources en charbon, en uranium, et en gaz naturel. Les Navajos habitent ce territoire et subissent les émanations de méthane. Ce site émet à lui tout seul 0,59 million de tonnes/an, soit plus que l'ensemble du Royaume-Uni.

Le Sichuan (les quatre rivières en chinois) est une province du sud-ouest de la Chine traversée par le fleuve Yang-Tsê. Cette région constitue le milieu naturel des pandas géants. Pauvres pandas, ils subissent la concentration de méthane la plus forte du globe.

Ces fuites de gaz auraient eu lieu dans les zones où résident les « élites des compagnies de gaz », elles auraient été colmatées depuis longtemps. Certes, le méthane ne présente pas de toxicité à ces doses ; mais les additifs peuvent l'être.

Comme quoi, si nous voulons lutter, ce n'est pas si compliqué : supprimons les dix sites, parfaitement identifiés, les plus émetteurs dans le monde…

Les bouffées de méthane en 2014, 2015, 2019 ont-elles induit une augmentation de la température ?

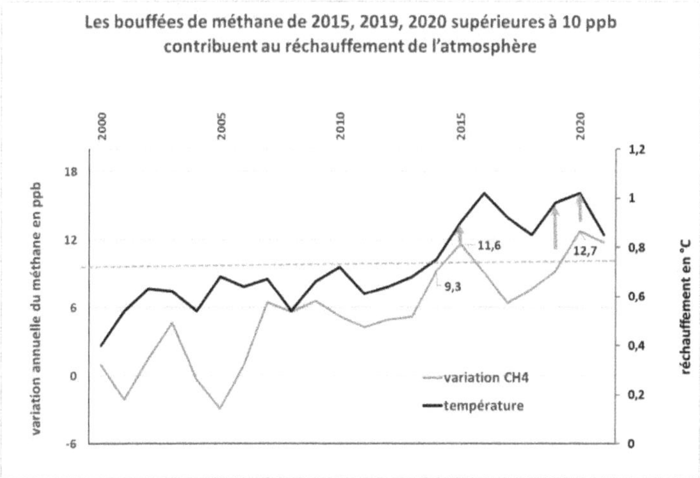

Figure 37. Les bouffées de méthane entre 2014 et 2020

Nous observons 700 fois moins d'émissions de méthane dans l'air que de CO2 en masse et en pression partielle. Le méthane bloque le rayonnement infrarouge vers l'espace 3,5 fois moins que le CO2. Le pouvoir instantané du méthane est par conséquent 200 fois plus élevé.

Le Giec sous-estime l'effet immédiat du méthane quasiment d'un facteur 2.

Le surplus de CO2 se réduit de 2,7 % annuellement dans l'atmosphère, tandis que celui du méthane chute de 8 % par an, donc trois fois plus vite. L'atmosphère ne distingue pas si son échauffement provient du CO2 ou du méthane. Il subit un transfert de chaleur dont l'essentiel est transmis en deux ans, avant la métamorphose du méthane, sous l'effet de l'hydroxyde OH.

En conclusion, toutes les estimations de concentration de méthane dans le monde doivent être revues à la hausse.

Chapitre 7

Les fluctuations du soleil

Le *Soleil*, l'étoile la plus proche de la Terre — située à quelque 150 millions de kilomètres, tire son énergie des réactions de fusion nucléaire qui transforment l'hydrogène en hélium dans son noyau. Il se trouve dans un état d'équilibre hydrostatique, sans contraction et sans dilatation continuelle. Sa période de rotation sur lui-même dure 27 jours terrestre environ. En réalité, cette sphère fluide subit une rotation différentielle : elle tourne plus vite à l'équateur (25 jours) qu'aux pôles (35 jours).

L'énergie solaire transmise par le rayonnement solaire rend possible la vie sur Terre par apport d'énergie lumineuse et d'énergie thermique sous forme de chaleur ; ce phénomène explique à la fois la présence d'eau à l'état liquide et la photosynthèse des végétaux. Les UV solaires contribuent à la désinfection naturelle des eaux de surfaces et détruisent certaines molécules indésirables.

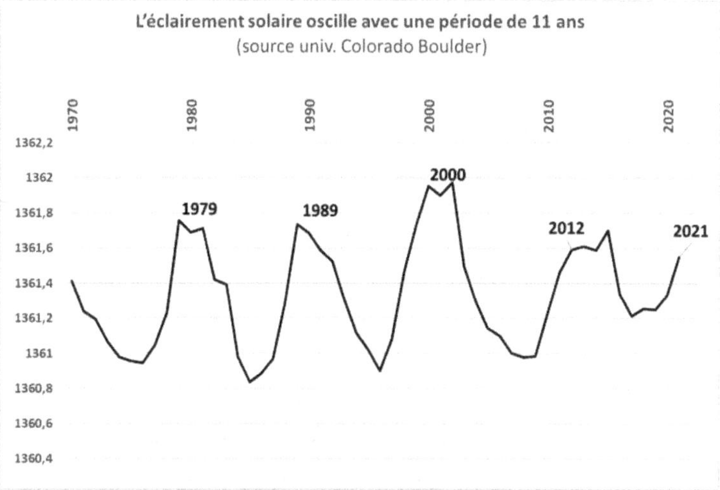

Figure 38. L'éclairement solaire oscille avec une période de 11 ans.

Le soleil diffuse 99,99 % de l'énergie pénétrant notre environnement terrestre, sous forme de lumière visible. Les mesures par satellite donnent une variation de 1 W/m2 sur 1 361 W/m2 émis ; cela dénote une grande stabilité.

Le soleil suit un cycle de 11 ans marqué par une activité maximum et minimum en fonction de son champ magnétique. Mais aussi des fluctuations sur des durées plus longues.

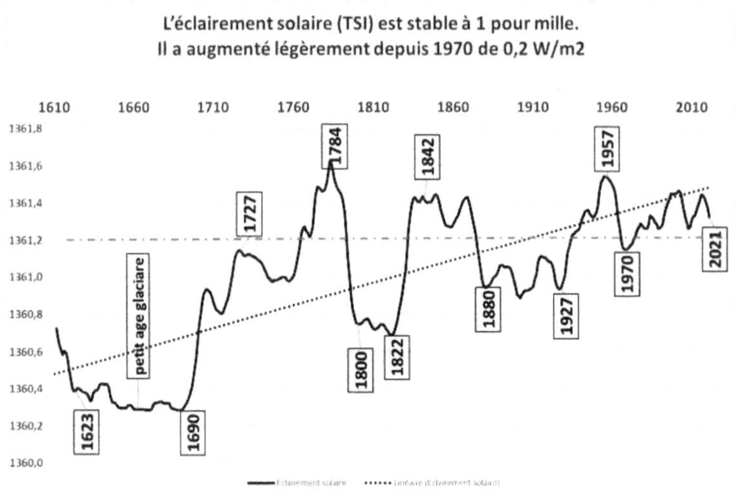

Figure 39. L'éclairement solaire demeure stable à un pour mille.

La prolongation sur plusieurs années d'une chute de l'énergie solaire a induit une mini-période glaciaire entre 1645 et 1710, réduisant la température de 1,3 °C.

L'abaissement de la température de 1950 à 1973 est lié à celle de l'activité solaire. Le choix de la référence 1880 par le Giec n'est pas neutre : il correspond à un minimum solaire depuis 140 ans… Pourtant l'activité industrielle a commencé autour de 1850 !

Une fluctuation naturelle, aussi importante que celle observée depuis 1960, mais dirigée dans l'autre sens, vers le froid. La Tamise était recouverte de glace sur 15 cm d'épaisseur, et les barriques de vin éclataient sous l'influence du gel. Une grande famine s'était abattue sur la France à la fin du règne de Louis XIV. De même, la déroute de la campagne de

Russie (Bérézina) en 1812 a eu lieu pendant un épisode de l'éclairement solaire particulièrement faible, et donc un abaissement des températures.

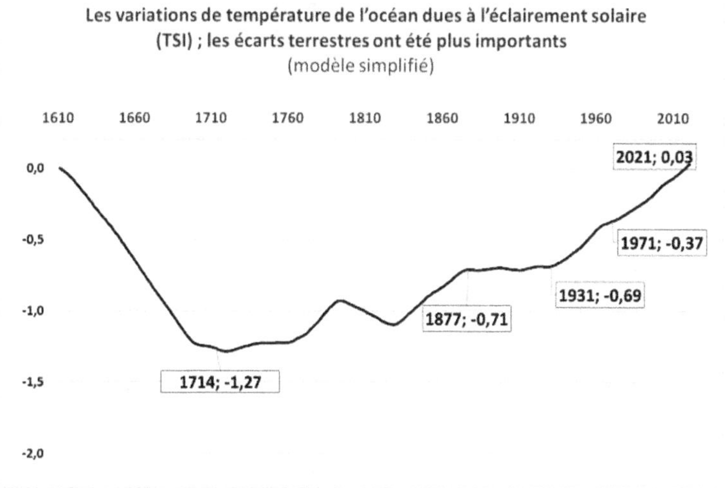

Figure 40. Les variations de température de l'océan, dues à l'éclairement solaire depuis 1610.

L'océan absorbe, stocke et transporte la chaleur du soleil. Il reçoit de l'énergie dans les régions tropicales et la redistribue vers les hautes latitudes. Dans ces régions, les eaux de surface se refroidissent ; elles deviennent plus denses et plongent vers les abysses. Elles signalent le point de départ d'une circulation océanique à l'échelle globale. Le temps de transfert fluctue et se situe de l'ordre de la décennie ; la capacité des mers à stocker la chaleur représente 93 % de l'augmentation d'énergie.

Chaque année, entre 1970 et 2010, le soleil a envoyé un rayonnement supérieur à l'éclairement moyen des années précédentes, environ 0,10 W/m2. Ce surplus a induit une hausse de la température de la Terre et des océans. À comparer à 0,10 W/m2 de blocage supplémentaire de l'effet de serre : un niveau équivalent. Cet excédent est absorbé en une décennie.

Le cycle solaire de 11 ans influence peu les variations de température, au maximum de 0,1 à 0,2 °C. L'activité solaire a tendance à diminuer depuis 2000. Observe-t-on moins de chaleur émise vers l'espace ? Cette baisse est confirmée par les mesures des satellites. De même, la stratosphère se refroidit. Nous notons une hausse de la température.

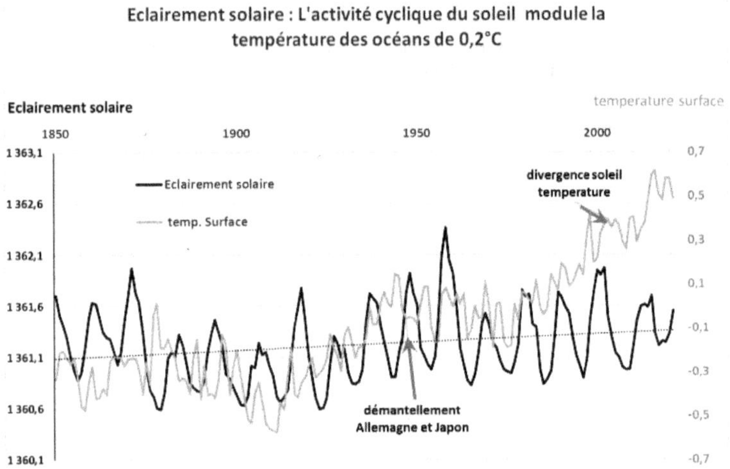

Figure 41. L'activité cyclique du soleil module la température des océans de 0,2 °C.
Cette dernière a suivi l'éclairement solaire jusqu'en 1970, puis s'est envolée à cette date.

Cherchons l'explication du côté des UV et de la couche d'ozone. Une activité solaire plus importante se traduit différemment suivant les longueurs d'onde et en particulier dans les UV. Or, les UV pénètrent beaucoup plus profondément dans l'océan. La diminution de la couche d'ozone a contribué à une influence solaire plus forte dans les années passées.

Les variations relatives du rayonnement UV au cours d'un cycle solaire amplifient les fluctuations de l'irradiance totale de 10 à 100 fois. Ses impacts sur la stratosphère affectent l'intensité du vortex polaire arctique, notamment en hiver. Ce dernier agit sur la basse troposphère aux hautes et moyennes latitudes. Ces impacts du cycle solaire contribuent à inverser le sens de circulation du courant-jet stratosphérique, environ tous les deux ans.

Les éruptions solaires massives de juillet 2000 ont émis des protons de haute énergie, responsables de la destruction d'une partie de l'ozone dans l'atmosphère terrestre. Les relevés de la couche d'ozone ont alors atteint leur niveau minimum.

Le soleil se moque bien de la pensée unique sur le réchauffement. Il a décidé de se refroidir depuis 2014. Un soleil de moins en moins actif entraîne le refroidissement de la Terre en commençant par le sommet. Les relevés effectués depuis six ans le confirment.

La Terre va-t-elle prendre froid ?

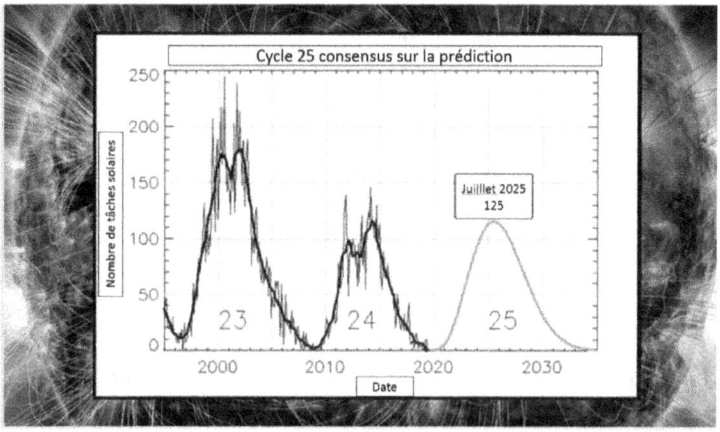

Figure 42. Le nombre de taches solaires, en fonction du cycle solaire.

Jamais l'activité du soleil n'a semblé aussi faible depuis 200 ans. Interrogation des scientifiques : la Terre va-t-elle prendre froid ? En 2019, nous avons observé 271 jours sans aucune tache solaire, et 208 jours, en 2020. Le soleil présente un cycle de 11 ans marqué par l'activité maximum et minimum de son champ magnétique. Nous relevons le dernier étiage en 2019. Le soleil démarre un nouveau cycle, le cycle 25. C'est le 25e depuis 1755, début du suivi intensif des taches solaires. Il a commencé en décembre 2019, et devrait se poursuivre jusqu'en 2030. Selon un point de vue général, il est attendu plus faible que les précédents.

Les amoureux de la thèse du réchauffement climatique passent sous silence l'activité actuelle en retrait. Cette dernière se manifeste par une émission plus basse du rayonnement de 0,1 %. Sa prolongation sur plusieurs cycles pourrait induire une mini-période glaciaire telle que nos ancêtres l'ont vécue entre 1645 et 1710 : baisse de la température de 1,3°, des saisons plus courtes et de très médiocres récoltes.

Notons que les crises financières ont eu lieu en 1987, 1997 et 2008. Ce n'est peut-être pas tout à fait un hasard : nous observons une corrélation entre les mauvaises moissons et la faible activité solaire.

L'absence de taches solaires et de leurs compagnons, les spots lumineux, deviendrait préoccupante, si elle devait perdurer. Elle peut se traduire par une toute petite baisse de l'éclairement, de l'ordre de 0,1 %, c'est-à-dire 1 W/m2, reçu par la Terre, et 0,3 W/m2 absorbé au niveau du sol.

Comparons cette évolution à l'effet de serre dans l'atmosphère : 4 W/m2, dont les trois quarts dus à la vapeur d'eau. Le CO2 joue pour un quart à 1 W/m2. L'effet du CO2 anthropique à venir se présente du même ordre de grandeur que les fluctuations des radiations solaires.

Réchauffement en bas et refroidissement en haut

Un phénomène inhabituel a été remarqué la nuit du 21 juin 2019 au-dessus de Paris : nous avons observé des nuages noctulescents après le coucher du soleil. Une condensation de glace sur des poussières volcaniques ou météoritiques à 80 km d'altitude, encore éclairées par notre astre. L'image a été publiée sur le site de la Nasa.

D'une part, les vents du Sahara ont apporté une forte chaleur sur toute la France, et ont ainsi augmenté le taux d'évaporation. D'autre part, le soleil, toujours sans éruptions depuis deux ans, continuait à se refroidir très légèrement. Ce phénomène a provoqué une baisse de la température de la haute troposphère et de la mésosphère.

Le soleil va dicter une partie de la température de la Terre dans les 10 prochaines années (une amplitude exprimée en dixième de degré) ; cette variation contribue aux chiffres du réchauffement.

Les aérosols

Au cours des années 50-60, les particules émises par les activités humaines ont contribué à un refroidissement du climat. Ils ont partiellement masqué le réchauffement lié à l'augmentation des gaz à effet de serre.

Parmi les aérosols d'origine anthropique, nous pouvons citer :

- Les sulfates,
- Les suies,
- Les nitrates,
- Ou les particules provenant des feux de végétation allumés
- volontairement.

La diffusion par les poussières dévie le rayonnement solaire dans toutes les directions. Une fraction de ce rayonnement est renvoyée vers le haut ; cette réflexion présente notre globe plus brillant vu de l'espace et entraîne un refroidissement du climat. En revanche, l'absorption du rayonnement solaire par les aérosols rend la planète plus sombre au niveau du sol et conduit à un réchauffement du climat.

L'utilisation du charbon et du pétrole a produit en même temps deux impacts antagonistes, par les émissions des gaz à effet de serre, et par celle des suies. Les effets climatiques des aérosols anthropiques ont masqué une partie du réchauffement induit par les gaz à effet de serre ainsi que certaines incidences de ce réchauffement. Ces retombées sur la température peuvent sembler bénéfiques, mais certainement dépassées par les conséquences néfastes des poussières sur la santé.

En 1975 le « *clean air act* » a changé la donne : les pays ont pris l'engagement de diminuer leurs émissions ; la répercussion est apparue notable. Les progrès technologiques y ont contribué. Citons les pots catalytiques, les filtres à particules… le résultat s'observe : nous détectons moins d'aérosols, alors que le nombre de véhicules a considérablement augmenté.

En conclusion, en dehors des scientifiques chargés d'étudier en permanence le soleil, le refroidissement de notre astre est ignoré par tous. Il contredit tout discours sur le réchauffement, donc passé sous silence. Des mesures relevées établies et indiscutables, qui ne peuvent faire l'objet d'aucune contestation, le démontrent depuis une quinzaine d'années.

Chapitre 8

La régulation par l'ozone et les UV

À température ambiante, l'ozone apparaît comme un gaz bleu pâle, voire incolore. Il se démarque par son odeur caractéristique proche de l'eau de Javel. Nous le retrouvons dans les endroits confinés dans les transformateurs à haute tension où règne un champ électrique important. Il provoque la toux. Bien moins stable que l'oxygène O2, il se décompose naturellement.

L'ozone, spontanément présent dans l'atmosphère terrestre, forme dans la stratosphère une strate entre 13 et 40 km d'altitude ; celle-ci intercepte plus de 97 % des rayons ultraviolets du Soleil. En revanche, il devient un polluant dans les basses couches de l'atmosphère (la troposphère) où il agresse le système respiratoire des animaux et peut brûler les végétaux les plus sensibles.

Deux types d'ozone cohabitent à des altitudes différentes : le bon et le mauvais. Le premier dans la zone stratosphérique arrête le rayonnement ultraviolet nuisible à notre santé à dose trop forte. Le second, dans la zone troposphérique, crée un effet de serre et empêche la Terre de se refroidir, en bloquant le rayonnement infrarouge.

Depuis l'accord de Montréal, signé en 1989, l'ozone, considéré utile, semble en voie de rétablissement à la suite de la suppression des CFC (chlorofluorocarbures). En revanche, l'autre catégorie augmente en proportion de la pollution de nos villes, des émissions de NOX (oxydes d'azote) et de COV (composés organiques volatils).

L'ozone stratosphérique, le bon

90 % de l'ozone dans l'atmosphère se trouve dans la stratosphère, la couche de l'atmosphère située entre 10 et 50 kilomètres d'altitude. Le niveau naturel d'ozone dans la

stratosphère résulte d'un équilibre entre sa création par la lumière du soleil et sa destruction par des réactions chimiques. À 30 km d'altitude dans le vide spatial, la couleur du ciel apparaît d'un noir d'encre. Le silence absolu règne. La Terre renvoie une partie de la lumière solaire, par sa face éclairée.

L'ozone se manifeste lorsque la molécule d'oxygène $O2$, identique à celle respirée par nous, est séparée en deux atomes d'oxygène par la lumière du soleil. Ces atomes isolés peuvent se rencontrer pour former une molécule $O2$, ou bien ils peuvent se joindre aux molécules d'$O2$ présentes pour fabriquer de l'ozone ($O3$). L'ozone est cassé par l'interaction de composants contenant de l'azote, de l'hydrogène, du chlore ou du brome. Certaines des molécules destructrices d'ozone se produisent naturellement, mais les industries en ont créé d'autres.

Nous mesurons l'ozone total de la colonne d'atmosphère, par satellite, à n'importe quel endroit du globe par sondage infrarouge, à la verticale de cet endroit. Les valeurs obtenues sont exprimées en unités Dobson (DU) et définies comme l'épaisseur d'une colonne verticale, condensée à la température et à la pression standard, par unité de surface. Elles conceptualisent tout l'ozone inclus du sol de la Terre jusqu'aux limites atmosphériques. 100 unités Dobson représentent une épaisseur de 1 mm à pression standard de la colonne. Sur le globe, les mesures de l'ozone total de la colonne varient généralement entre 200 et 300 DU. Le trou d'ozone apparaît lorsque l'ozone total réduit de la colonne est relevé à moins de 220 DU.

La masse totale d'ozone dans l'atmosphère pèse environ 3 milliards de tonnes. Cela peut sembler beaucoup, mais ce n'est que 0,000 06 % de l'atmosphère. La concentration maximale d'ozone se produit à une altitude d'à peu près 32 kilomètres au-dessus de la surface de notre globe. À cette altitude, elle peut atteindre 15 parties par million (0,001 5 %). Pour que la température de la Terre reste stable, l'énergie solaire captée dans le domaine visible et dans les UV doit égaler la quantité d'infrarouges rejetée par l'atmosphère. La balance énergétique est impactée soit par une diminution du rayonnement infrarouge, fonction de la concentration de $CO2$, soit par une absorption plus faible du rayonnement UV lié à la présence d'ozone dans la stratosphère. L'énergie contenue dans le rayonnement UV B est mesurée 48 fois plus importante que l'énergie infrarouge.

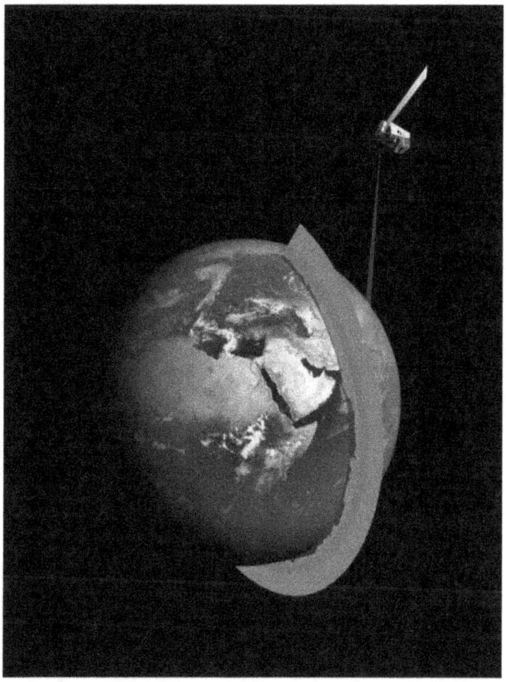

Figure 43. Sondage atmosphérique de la couche d'ozone.

Nous pouvons résumer : la troposphère, la portion atmosphérique chauffée par le bas, voit s'établir un transport de chaleur par déplacement de matière vers le haut. La stratosphère, la partie sans mouvement convectif est chauffée par le sommet, grâce à l'ozone.

Une diminution du taux d'ozone à 18 km laisse passer davantage de rayonnement ultraviolet au niveau du sol, cela réchauffe d'autant la Terre et refroidit la stratosphère.

Une baisse de 50 % dans la colonne d'ozone va accroître le rayonnement UV à la surface de la Terre de 2 W/m2 au zénith, et de 0,5 W/m2 pour un angle de 70°. Intégré sur toute la surface de la Terre, ce changement peut modifier à hauteur de 0,9 W/m2 le niveau d'énergie reçue.

Nous pouvons affirmer que l'accord de Montréal prohibant des CFC en 1989 a permis de mettre fin à la réduction de la couche d'ozone en 1996 et donc à l'augmentation de température. La variation de température globale de la Terre a été déterminée sur cette période par le niveau des CFC.

La température au niveau de la surface de la Terre est restée constante de 1945 à 1970 ; elle a grimpé brutalement de 1970 jusqu'à 1998, pour enfin se stabiliser depuis 1998 jusqu'en 2013. Le taux de CO2 continuait de monter durant toute cette période.

Les substances participant à la destruction de la couche d'ozone présentent un temps de vie de 50 à 100 ans. Le retour aux conditions antérieures demande une longue durée.

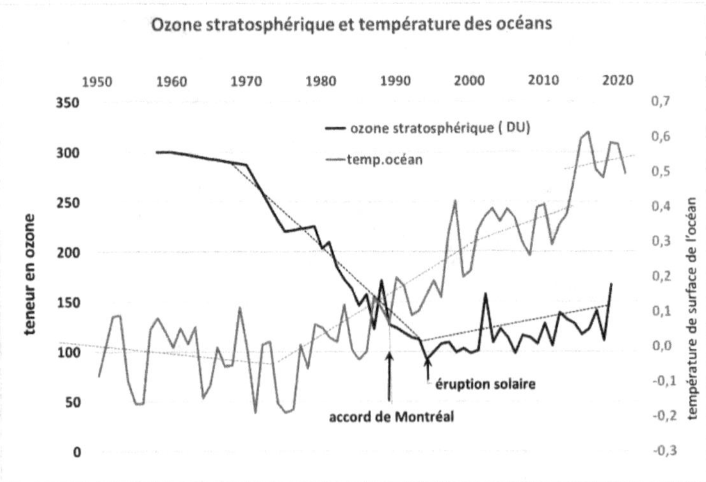

Figure 44. Le réchauffement des océans, et la destruction de la couche d'ozone.

Depuis 2018, nous observons de nouveau une diminution de la couche d'ozone : la responsabilité en incombe à une pollution créée par de nouveaux CFC de substitution, non encore interdits ! Le trou d'ozone est réapparu au pôle Sud en 2020. Il avait quasiment disparu en 2019. Nous sommes revenus au niveau de destruction des années 2000.

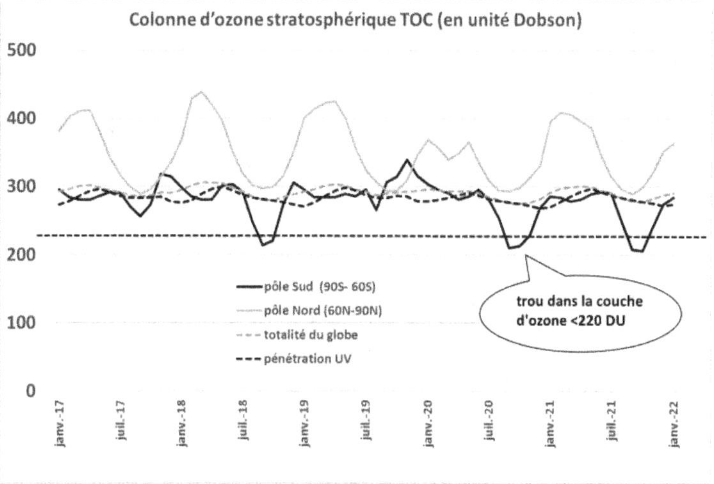

Figure 45. L'évolution des trous dans la couche d'ozone, au-dessus des pôles.

Pour la première fois en 2020, nous avons observé un trou au pôle Nord ; une telle apparition n'avait jamais existé dans le passé.

Qui est responsable ? Arrêtons d'acheter des climatiseurs en Asie pourvus de trifluorométhane HFC 22 ou de HFC 23. Ce produit est venu en substitution des CFC. Il présente une durée de vie de 12 500 ans et un pouvoir de réchauffement 228 fois supérieur au CO2. Une catastrophe écologique.

Une augmentation des UV provoque une diminution du développement du phytoplancton et d'un grand nombre de végétaux ; cette réduction amoindrit l'absorption du CO2, et donc contribue à accroître son taux.

L'ozone troposphérique, le mauvais

C'est un polluant climatique doté d'une durée de vie atmosphérique pouvant aller, de quelques heures à quelques semaines. Il ne résulte pas de sources d'émissions directes. Ce gaz naît de l'interaction de la lumière du soleil sur les hydrocarbures — y compris le méthane — et les oxydes d'azote, rejetés par les véhicules, les centrales électriques à combustibles fossiles et d'autres sources artificielles.

L'ozone troposphérique sous l'effet du rayonnement solaire, a diminué au premier semestre 2020, par suite d'une émission plus faible des NOX et des COV de l'ordre de 10 à 30 %.

Les stratégies de prévention pour éviter la formation d'ozone troposphérique reposent d'abord sur la réduction du méthane. Ce dernier provient de la pollution atmosphérique résultant de sources artificielles, telles que l'agriculture, la production et la distribution de combustibles fossiles. Pour obtenir l'ozone troposphérique, nous mesurons par différence l'absorption du rayonnement infrarouge au-dessus des nuages de la colonne d'ozone.

Les volcans

Les volcans réchauffent ou refroidissent le climat, suivant le style d'éruption.

Le 15 juin 1991, le volcan explosif Pinatubo aux Philippines a éjecté des tonnes de SO2 dans la stratosphère. L'éruption principale a duré neuf heures. Une baisse de la température de 0,4° s'ensuivit pendant deux ans. Cependant, pendant les hivers 1991 et 1992, les températures de surface ont augmenté de 3 °C au-dessus de la normale en Amérique du Nord, en Europe et en Sibérie. La stratosphère inférieure s'est réchauffée jusqu'à 3 °C à la mi-novembre 1991, mais s'est refroidie à 0,35 °C sous les niveaux pré-éruptifs au début de 1993.

D'autres volcans ne dégagent pas de gaz. L'éruption du Liki en Islande en 1783 a provoqué une hausse de 3 °C en l'Europe centrale.

Les principales conséquences sont le réchauffement et la disparition de la couche d'ozone. 80 % du volcanisme sur Terre a lieu sous l'eau. Il réchauffe l'océan et émet du sulfure d'hydrogène H2S. Ce dernier détruit l'ozone et augmente le méthane.

En conclusion, le rôle de l'ozone stratosphérique est totalement passé sous silence. Pourtant l'influence de la pénétration des UV dans l'océan suivant la teneur en ozone reste un élément à considérer.

Chapitre 9

L'interface atmosphère — océan

La principale source de chaleur à la surface de la Terre provient du Soleil. Mais les océans peuvent engranger de la chaleur sur de longues durées, même sur des siècles. Des courants océaniques variables peuvent lâcher plus ou moins de cette chaleur stockée, par épisodes, produisant des hausses ou des baisses de la température de surface.

L'océan mondial, le convoyeur à bande de la chaleur

Les océans couvrent environ 72 pour cent de la surface terrestre. Les courants océaniques tirent les ficelles du climat de notre planète et regorgent d'une riche biodiversité. Les géographes divisent les océans en cinq grandes régions : Pacifique, Atlantique, Indien, Arctique et Austral. Pourtant nous observons une impressionnante unité de l'océan mondial. Toutes les régions communiquent, et transmettent leurs fluctuations, les unes aux autres, créant un « océan mondial », comme le disait si bien Jean Demangeot.

Les océans contiennent environ 1,3 milliard de kilomètres cubes, soit près de 97 % des ressources en eau de notre Terre. Cette eau retient à peu près 3,5 % de sel ainsi que des traces de l'ensemble des éléments chimiques présents sur notre planète. Les océans absorbent la chaleur du soleil, la déplacent vers l'atmosphère et la distribuent aux quatre coins du globe, par les courants océaniques sans cesse en mouvement. Ce processus influe sur les conditions météorologiques mondiales : il joue le rôle de chauffage en hiver et de climatiseur en été. Des algues microscopiques appelées phytoplancton constituent la majorité de la vie végétale marine. Elles flottent à la surface et produisent, grâce à la photosynthèse, près de la moitié de l'oxygène respiré par les hommes et la totalité des créatures terrestres.

Jusqu'en 1970, la température de l'air suivait les fluctuations de température en surface des océans.

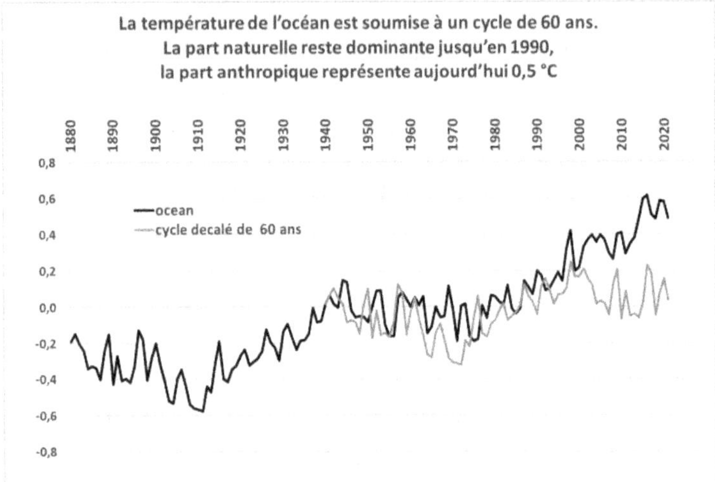

Figure 46. La température de l'air a suivi celle de l'océan mondial jusqu'en 1970.

Les océans représentent le facteur primordial du climat ; l'atmosphère n'étant que la partie immergée de l'iceberg. Les océans du monde comportent des freins à toutes les implications du réchauffement. Ils ont absorbé au cours des dix dernières années, un quart des émissions humaines ainsi que 93 % du réchauffement supplémentaire dû à l'effet de serre, ou directement à l'activité humaine..

Comparés à l'air, les océans présentent deux caractéristiques fondamentales à leur rôle dans le climat :

- Leur capacité thermique, 1 000 fois supérieure à celle de l'atmosphère, leur permet de stocker l'essentiel du flux radiatif solaire et du surplus d'énergie générée par les activités humaines.
- L'océan mondial, affecté d'une dynamique beaucoup plus lente que celle de l'atmosphère et d'une inertie thermique très grande est donc susceptible de mémoriser

plus durablement les perturbations (ou anomalies) subies.

Le temps de réaction pour un retour à l'équilibre face à un choc thermique nécessite 90 jours dans l'atmosphère, il demande 10 ans dans l'océan. Les deux milieux endurent une poursuite incessante de déséquilibres.

L'océan mondial demeure un facteur primordial du climat. Il agit à deux niveaux : l'océan joue le rôle de puits de CO_2, mais aussi de puits de chaleur.

La capacité calorifique de l'océan mondial

L'océan mondial capte, stocke et transporte dans son mouvement la chaleur du soleil en affectant la température et la circulation atmosphérique.

Absorption du rayonnement solaire, 168 W/m2 ; émission infrarouge, 66 W/m2 ; conduction, 24 W/m2 ; évaporation : 78 W/m2.

Sa capacité calorifique est près de mille fois plus élevée que celle de l'atmosphère. De plus en plus de chaleur est contenue dans l'océan, au lieu de sortir dans le vide spatial. La chaleur absorbée par les divers océans est déplacée d'un endroit à un autre, mais elle ne disparaît pas. La circulation thermohaline (du grec *thermos,* la température et de *halin,* le sel) se charge de transférer les eaux chaudes vers le pôle, et de reconduire les eaux froides vers l'équateur. Tout déséquilibre thermique dans les échanges océan-atmosphère est compensé par les courants. Chacun sa tâche : les océans déménagent la chaleur des latitudes faibles. L'atmosphère intervient à latitude élevée. Le Gulf Stream et le Kuroshio incarnent les deux grands vecteurs de transport de chaleur dans l'atmosphère.

Le transfert de l'eau de surface vers les profondeurs s'opère dans les latitudes élevées. L'eau devient plus dense et plonge vers les abysses. Les océans réagissent dynamiquement à des changements de conditions climatiques ; nous relevons des temps de transport très variables : une saison ou une année dans les régions tropicales, une décennie dans les strates de surface, des milliers d'années dans les couches profondes.

Le réchauffement récent atteint principalement les couches de surface. La strate de 0 à 300 m a augmenté de 0,3 °C depuis 1950. C'est deux fois moins que la température de surface ; mais compte tenu de la capacité calorifique de l'eau, elle constitue le plus grand puits et réservoir du surplus de chaleur injectée dans le climat par l'homme. Ceci représente un stockage de 200 zettajoules ($2\ 10^{23}$ J) depuis les années soixante-dix. La Terre a gagné en 40 ans, de 1971 à 2010, 274 zettajoules (1 021 J). Sa surface de 5,1. 10^{14} m2 a absorbé 0,42 W/m2 d'énergie.

Nous connaissons mieux les mécanismes en jeu, grâce à la mise en orbite des satellites tels que Topex-Poséidon dont les données ont été acquises en continu entre 1993 et 2001. Notre compréhension s'est élevée d'un cran à la suite de la contribution en 2000 des sondes dérivantes du réseau **ARGO**, complémentaire du satellite altimétrique **Jason.** 3 000 sondes plongent régulièrement et enregistrent les courbes de température et salinité de la colonne d'eau sur environ 2 000 mètres. Chaque balise, d'à peu près deux mètres de hauteur (antenne incluse), dérive librement en fonction des courants. Elle descend à 1 000 mètres de profondeur, puis tous les dix jours à 2000 mètres avant de remonter lentement à la surface. Elle relève des mesures le long de la colonne d'eau lors de son retour ; elle reste à la surface une dizaine d'heures, transmet ses informations par satellite, et replonge pour le cycle suivant. Les données, en accès libre, peuvent être consultées par tout le monde, sans restriction.

Le premier constat des balises nous enseigne que la température moyenne des océans a peu augmenté depuis 2003 ; c'est confirmé par l'évaluation de l'anomalie de la tranche supérieure (0-700 m),

Les océans ont une capacité thermique mille fois plus vaste que l'atmosphère, et une inertie thermique très grande. Ils mémorisent les perturbations les affectant. L'énergie calorifique finit par rentrer dans le reste du système terrestre en faisant fondre les banquises, en évaporant de l'eau, ou bien en réchauffant directement l'atmosphère. Ainsi, l'énergie thermique des océans peut réchauffer la planète pendant des décennies après son absorption. Plus de 90 % du réchauffement produit sur Terre au cours des 50 dernières années s'est réalisé dans l'océan mondial.

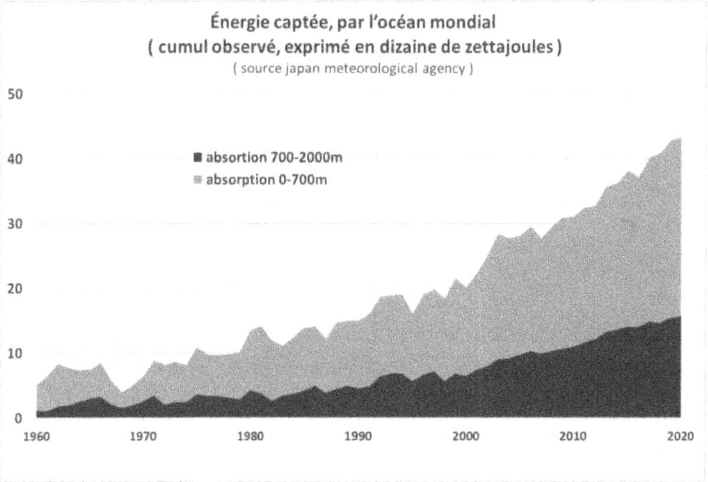

Figure 47. La chaleur captée par l'océan mondial, cumulée en surface et en profondeur.

Nous estimons la valeur à 380 Zeta Joules pour l'ensemble de la terre. En moyenne sur la surface du globe, le gain de chaleur en 2020 se situe à 0,5 W/m^{2,} dont 0,21 W/m^2 dans la tranche 0 à 700 mètres. Il se présente à 0,29 pour des profondeurs de 700 à 2 000 mètres.

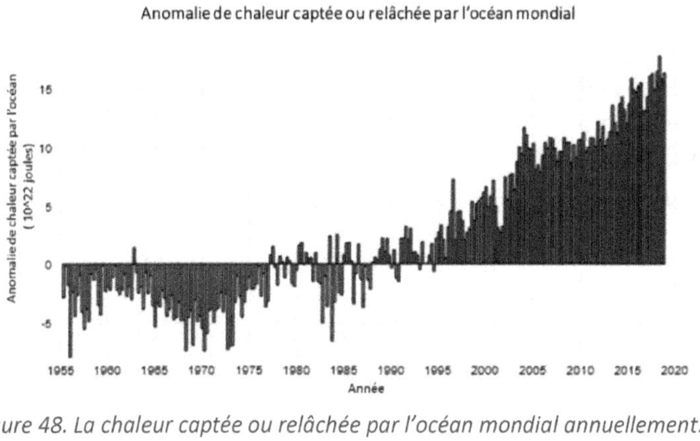

Figure 48. La chaleur captée ou relâchée par l'océan mondial annuellement.

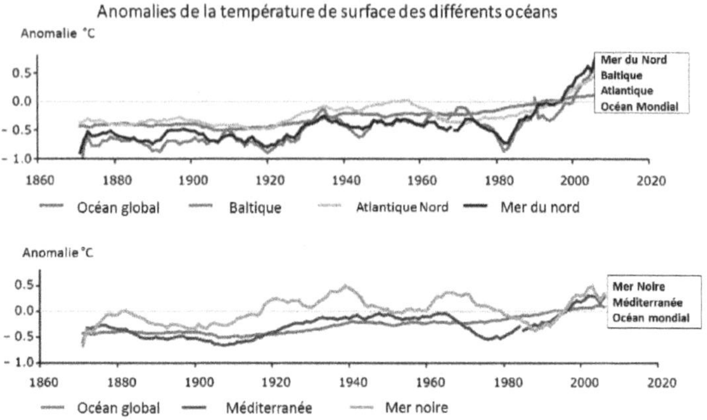

Figure 49. Anomalies de températures de différents océans.

Quand les océans deviennent plus chauds que l'air, celui-ci au contact de l'eau se réchauffe et monte. Nous observons un phénomène de convection naturelle, favorable à son renouvellement et donc à la circulation de chaleur.

Dans le cas contraire, il reste à la surface ; les échanges de chaleur s'établissent alors plus lentement à l'échelle moléculaire. Nous constatons une dissymétrie dans les transferts de chaleur **: les océans cèdent plus facilement de la chaleur par convection qu'ils n'en gagnent par conduction.**

Le flux de chaleur dû à **l'évaporation constitue la première cause de refroidissement des océans.** Le résultat provient de la dimension élevée de la chaleur latente (2 474 kJ/kg à 20 °C pour de l'eau pure) liée à la structure de la molécule d'eau. Les valeurs importantes du taux d'évaporation, environ 1,2 m par an sur l'ensemble des océans, y contribuent. Ce flux se remarque particulièrement dans les zones subtropicales et au-dessus des courants chauds comme le Gulf Stream.

Si l'éclairement du soleil s'accroît, une répercussion immédiate se produit sur la couche superficielle de l'eau. Les océans, plus chauds que l'atmosphère de l'ordre de 0,8°, le réchauffent. L'écart air-mer reste toujours de l'ordre de 0,5 °C.

- L'océan mondial perd un tiers de sa chaleur par rayonnement.

- L'évaporation représente la première cause de refroidissement. L'énergie extraite s'élève à 100 W/m2 environ. Si la température s'accroît, l'évaporation augmente aussi. Cette chaleur monte jusqu'aux couches de l'atmosphère.
- Il subsiste en conséquence au niveau du sol, 14 % de la chaleur absorbée par l'océan pour contribuer à l'effet de serre.

L'océan mondial se réchauffe à l'équateur et perd sa chaleur aux latitudes élevées. La redistribution s'opère par transport d'eau.

Contrairement à une idée largement répandue, le mouvement de convection océanique ne s'amorce pas à l'équateur par les quantités d'eaux chaudes de surface, mais se forme par les eaux froides de surface situées en hautes latitudes. La température de ces dernières ne suffit plus pour contrer les effets de la salinité : la densité s'accroît alors et les eaux descendent vers le fond. C'est la plongée convective.

Cette plongée convective, véritable moteur de la circulation thermohaline, va « pomper » en amont des masses océaniques de surface, ces fois-ci chaudes (provenant des zones équatoriales et tropicales). Leur faible densité les rend propices à de tels déplacements horizontaux. Attention, cependant ! Cette aspiration ne suffit pas pour entraîner un mouvement convectif de l'équateur aux pôles ; la distance demeure trop importante. L'action conjointe des courants et des vents de surface se révèle indispensable au transport des eaux chaudes équatoriales.

L'interface courant atmosphérique — océan (El Niño et AMO)

Cette situation de déséquilibre permanent entre l'hydrosphère et l'atmosphère explique, en partie, les flux de chaleur échangés entre ces milieux. Ces flux créent des oscillations océaniques périodiques (une par décennie en moyenne) telles que les événements « El Niño »/« La Nina » dans le Pacifique Sud (oscillations australes).

El Niño désigne à l'origine un courant côtier saisonnier chaud au large du Pérou et de l'Équateur, mettant fin à la saison de pêche. Des pêcheurs locaux ont donné le nom d'*El Niño* au phénomène en faisant référence à l'Enfant Jésus, car il apparaît peu après Noël.

En temps normal, appelé par opposition *La Nina*, les côtes du Chili, du Pérou et de l'Équateur sont baignées par le courant froid de Humboldt orienté du sud vers le nord ; conjointement, les alizés maritimes soufflent du sud-est vers le nord-ouest. Ces derniers chassent les eaux chaudes superficielles résiduelles du rivage et provoquent un vide, comblé par une remontée d'eaux froides des profondeurs. Ces eaux riches en nutriments (azote, phosphore) permettent un fort développement du plancton dont raffolent les poissons.

Les courants de surface équatoriaux circulent d'est en ouest, grâce au moteur des vents alizés. Dans l'Océan Pacifique, les deux flots équatoriaux, situés de part et d'autre de l'équateur, larges chacun d'environ 1 000 km véhiculent une masse énorme d'eau : 1,5 million de kilomètres cube. Leur vitesse moyenne s'avère de 10 à 30 cm/s. Ils créent une accumulation d'eau chaude importante, entre 28 °C et 29 °C, dans la partie occidentale du Pacifique, accompagnée d'une surélévation du niveau marin d'à peu près 50 cm, décelable par télédétection des satellites.

Cette surélévation met la surface de l'océan Pacifique dans une situation de déséquilibre vis-à-vis de la gravité. Le rétablissement de l'équilibre s'obtient par le retour vers l'est (de l'Asie vers l'Amérique) d'une fraction du surplus d'eau : ce déplacement forme le contre-courant équatorial. Il circule au-dessous et entre les deux courants équatoriaux, dans la zone de convergence intertropicale où s'annulent les vents. Le contre-courant équatorial n'est pas strictement localisé sur l'équateur, mais est décalé vers l'hémisphère nord à une latitude 5 à 10° nord.

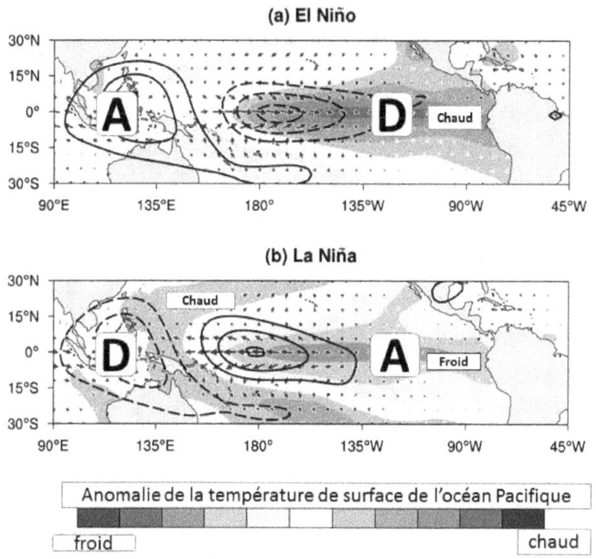

Figure 50. Le phénomène « El Niño »/« La Nina » dans le Pacifique Sud.

El Niño augmente la température des eaux de surface du Pacifique Est et central. Cette variation thermique est couplée à une oscillation des pressions atmosphériques entre la Polynésie française et le nord de l'Australie ; ce phénomène provoque une modification simultanée du régime des vents et des courants le long de l'équateur ainsi que le déplacement d'un immense réservoir d'eaux chaudes situé à l'Ouest du Pacifique équatorial.

En temps normal, les vents alizés transportent l'eau chauffée d'est en ouest. Lors d'un épisode El Niño, les hautes pressions du Pacifique Sud diminuent. Les alizés faiblissent et parfois inversent leur sens. Les eaux chaudes de surface, accompagnées de nuages et de précipitations, refluent de l'ouest vers l'est.

Le diagramme montre l'évolution de l'index ENSO (*El Niño — Southern Oscillation*) depuis 1979. Les événements El Niño majeurs ont été relevés en 1982-1983, 1997-1998, 2015-2016.

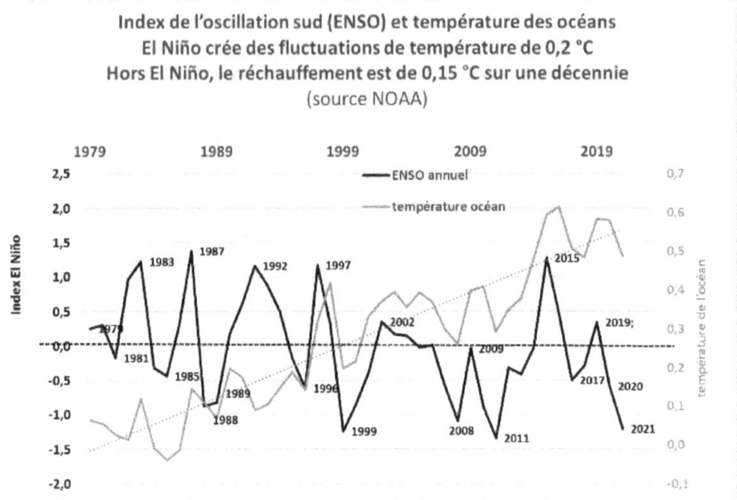

Figure 51. L'index ENSO : l'effet El Niño sur la température globale de l'océan mondial.

À l'est de l'Indonésie, une piscine chaude est retenue en place par les alizés venant de l'orient. Certaines années, cet équilibre se rompt comme en 2015 ; nous parlons d'années El Niño. *Les alizés faiblissent et ne maintiennent plus le bassin d'eau chaude en position. Celle-ci se décale alors vers les côtes péruviennes. Des inondations et les courants chauds empêchent les poissons d'approcher le long des littoraux du Pérou.*

Du côté de l'Indonésie, la piscine chaude disparue laisse la place aux incendies. En accumulant sur l'ouest du Pacifique une masse d'eau anormalement froide, El Niño bloque toute évaporation, donc toute pluie. Il provoque une très importante sécheresse favorable à la propagation des feux en Indonésie. La majorité de ces feux est déclenchée par ces pratiques agricoles traditionnelles d'écobuage. Ces incendies de très grande ampleur ont été décrits comme la catastrophe environnementale, la plus grave du XXe siècle jusqu'à présent. Ils dégagent plus de CO2 que l'ensemble de l'économie américaine ! Qui est responsable ? L'homme ou El Niño ?

Pour planter les palmiers à huile, les cultivateurs préfèrent brûler la forêt plutôt que la couper. Ces feux coûtent moins cher que de déblayer manuellement.

Qui donne le rythme à la Nina ? Le cycle solaire. Nous observons le retour de la Nina, après chaque minimum solaire à peu près tous les onze ans. L'attraction du soleil exerce une influence connue sur les marées. Mais par quel mécanisme les cycles solaires remettent-ils à zéro les déplacements d'eau chaude induits par El Niño, à chaque minimum solaire ? La réponse n'est pas évidente.

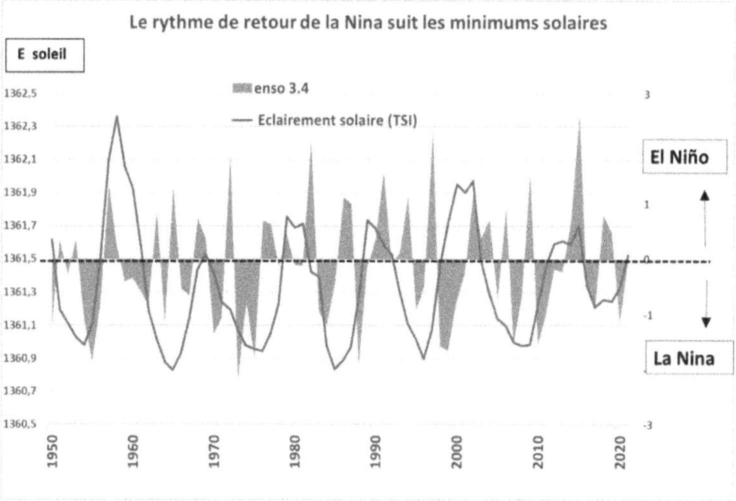

Figure 52. Le retour de la Nina à chaque activité solaire faible.

L'oscillation pacifique décennale PDO décrit l'augmentation de la température de surface à l'Est et sa diminution à l'Ouest ; puis le phénomène s'inverse sur des échelles de 20 à 30 ans. Contrairement au processus équatorial El Niño, répondant à un seul stimulus physique, la PDO apparaît comme une réaction combinant la sollicitation El Niño et une influence différée de celui-ci durant l'hiver.

L'oscillation multidécennale de l'atlantique AMO (60 ans)

Envisagée pour la première fois en 2000, l'AMO définit une oscillation des températures de la région Atlantique nord. La zone considérée est localisée entre l'équateur et le cercle arctique. Elle gouverne l'ensemble des variations climatiques de cette région, en coïncidence avec les périodes de réchauffement et de refroidissement observées. Les températures sont relevées sur un secteur de latitude entre 0°N et 60°N, et de longitude de 75°W à 7,5° W. L'indice est calculé en soustrayant la température de l'océan mondial.

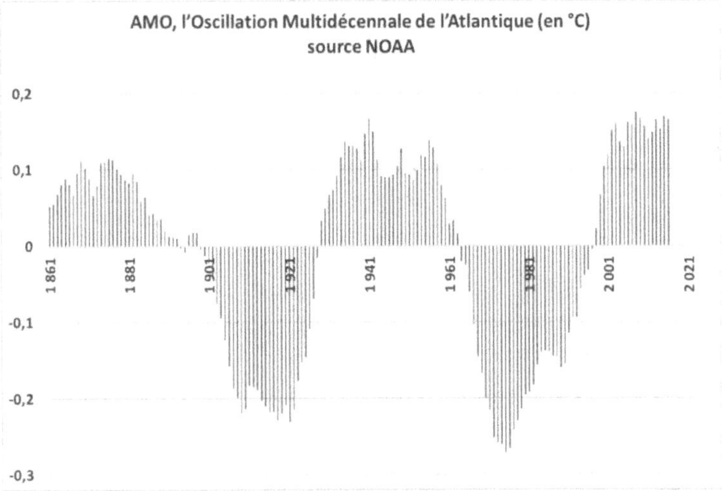

Figure 53. L'oscillation multidécennale de l'Atlantique.

La surface de l'océan Atlantique de 1966 à 1996 s'est révélée froide ; les projections étendent la phase chaude de 1996 à 2026. La corrélation avec les pluies et les écoulements des fleuves américains s'avère aussi remarquable. Le débit du Mississippi varie de 10 % en fonction des périodes chaudes et froides. De même, cette oscillation fluctue en parallèle de l'énergie dissipée par les cyclones depuis 1860.

Le mécanisme de cette oscillation implique très certainement le gyre atlantique.

Quelles relations entretiennent les fluctuations pluriannuelles Pacifique et Atlantique ? Agissent-elles en interaction malgré une périodicité en apparence différente de 30 ans pour la PDO, de 60 ans pour l'AMO ? Nous observons l'influence de L'AMO lors les mesures du détroit de Béring. La combinaison de ces deux cycles représente un moteur des variations climatiques du XXe siècle.

Nous avons du mal à comprendre l'origine de cette oscillation de 60 ans. L'attraction gravitationnelle des planètes géantes (1/160 de l'attraction lunaire) semble la seule explication, disponible dans notre boîte à outils. Les maxima de température de surface ont été relevés en 1880, 1940, 2020, en coïncidences avec les positions de Jupiter et Saturne relativement proches de notre globe. La dernière conjonction, un alignement avec le soleil, a eu lieu le 21 décembre 2021.

Jupiter, éloignée de 780 millions de kilomètres du soleil, effectue une révolution autour de notre étoile en 12 ans. Saturne, presque deux fois plus à l'écart, boucle un tour complet en 30 ans. Lorsqu'une grande conjonction vient de se produire, Jupiter revient à la même position dans le ciel, 12 ans après. Mais Saturne avance, elle aussi, sur son orbite, et Jupiter la rattrape huit années plus tard : voilà pourquoi l'alignement des deux planètes avec le soleil a lieu tous les 20 ans ; nous pouvons l'observer trois fois en 60 ans. Encore convient-il que la Terre se présente du bon côté de notre étoile. Ce qui réduit la visibilité de la grande conjonction à une occurrence en 60 ans. Il reste à expliquer par quel mécanisme cet alignement influe. Les planètes gazeuses créeraient un effet de marée sur notre soleil, cette énorme boule déformable ; ce dernier agirait sur la stratosphère au-dessus des pôles.

Cette circulation peut être comparée à un tapis roulant tridimensionnel à l'échelle planétaire. Les paramètres clés de ce transfert s'appellent la température et la salinité. La tranche d'eau de surface est brassée par des phénomènes atmosphériques puissants.

Le réchauffement climatique des eaux polaires, la fonte de la banquise, la densité faible des eaux de surface pourraient perturber le Gulf Stream.

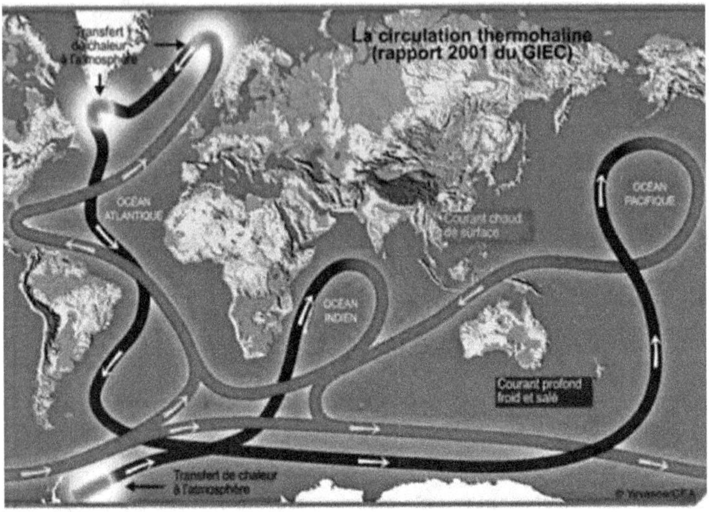

Figure 54. La circulation thermohaline autour du globe.

Le puits de CO2

La « pompe à carbone océanique », aujourd'hui bien connue. Elle se compose de deux compartiments. Le premier, une pompe biologique en charge du transfert du carbone de la surface vers les fonds marins, par la chaîne alimentaire, et le deuxième, la pompe physique, conséquence de la circulation océanique. La première crée un stockage à long terme. La photosynthèse du phytoplancton exige la lumière du soleil et du CO2. En échange, il rejette de l'oxygène dans l'atmosphère. Cette photosynthèse nous offre 50 % de l'oxygène que nous respirons.

Aux pôles, l'eau plus dense coule vers les profondeurs, entraînant le carbone dissous en elle. C'est dans les hautes latitudes en effet, que l'eau se charge sans effort en CO2, car la dissolution du CO2 atmosphérique y est facilitée par la température moins élevée. D'où l'importance des régions polaires dans le cycle du carbone. Déterminer quelle quantité est amassée par ces mécanismes reste difficile, mais nous estimons que l'océan concentre 50 fois plus de carbone que l'air.

Quand nous parlons de stockage de carbone, la notion de temps devient essentielle. La pompe biologique répond vite aux sollicitations. Elle peut donc se déséquilibrer jusqu'à réémettre du carbone dans l'atmosphère. La pompe physique, quant à elle, agit à une autre allure. Les perturbations l'affectent plus difficilement, mais plus durablement. Une fois, la machine en marche, stopper le processus est plus lent. Le carbone emmené vers le fond, sous l'effet de la circulation océanique, est temporairement soustrait du cycle de surface, mais ce processus est mal quantifié.

Intéressons-nous à l'interaction air-mer. Si l'océan apparaît plus froid localement que l'atmosphère, l'échange se réalise à l'échelle moléculaire. Les molécules de CO2 emportent leur chaleur dans l'eau. L'air perd une partie de son énergie proportionnellement à l'absorption du CO2.

Les gaz se dissolvent plus dans les eaux froides ; cet échange a lieu dans les hautes latitudes.

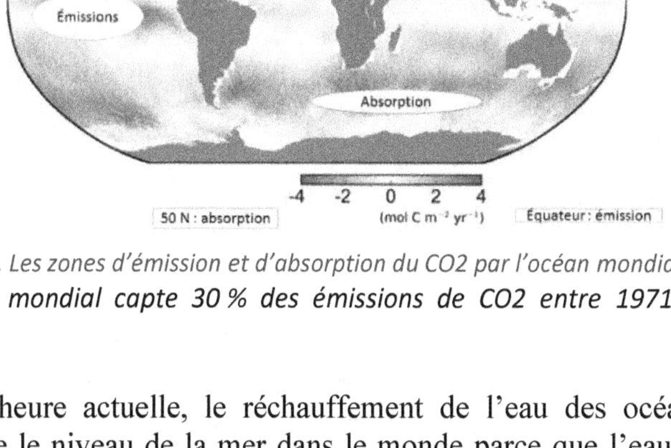

Figure 55. Les zones d'émission et d'absorption du CO2 par l'océan mondial.
L'océan mondial capte 30 % des émissions de CO2 entre 1971 et 2010,

À l'heure actuelle, le réchauffement de l'eau des océans rehausse le niveau de la mer dans le monde parce que l'eau se dilate lorsqu'elle se réchauffe. L'eau a monté de 20 cm en un siècle, le ratio reste constant. L'augmentation demeure faible tandis que le taux de CO_2 grimpe de manière continue.

Le méthane

Le méthane n'est pas absorbé par les océans, même s'il s'y trouve en abondance.

Issu de la décomposition anaérobie de la matière organique, il est piégé dans le pergélisol, et dans la mer, sous forme de dépôts d'hydrates de méthane. Il peut y séjourner des siècles. Sous le plancher océanique de l'océan Arctique, les bactéries en fabriquent en grandes quantités. Et sous l'effet du réchauffement climatique, ce gaz s'échappe et bouillonne vers la surface. Les scientifiques ont remarqué que des nutriments accompagnent le méthane dans sa remontée. Une fois arrivés en surface, ces nutriments vont alimenter des algues ; celles-ci accélèrent la capture du CO_2 par l'océan. Nous avons observé récemment l'action très agressive de micro-organismes en surface à l'attaque du gaz ; ils s'en nourrissent. Le retour à la normale des émissions de méthane se régule naturellement. Même si les clathrates venaient à être déstabilisés, jusqu'à un certain point au moins, les émissions de méthane ne rejoindraient pas l'atmosphère.

Mais souvenons-nous que ce gaz dans l'atmosphère a une durée de demi-vie de 10 ans environ ; c'est-à-dire que la moitié de sa quantité disparaît en dix ans. C'est un pourcentage plus faible que l'absorption du CO_2 par l'océan ; ce phénomène explique l'augmentation de sa part relative dans l'atmosphère à taux d'émission identique.

En conclusion, les océans transportent la chaleur des tropiques aux pôles. Ils pilotent le climat, par leur inertie. Le sujet est récent. Nous commençons seulement à nous intéresser au réchauffement des océans et à relever les températures en profondeur et des mesures de la salinité. Nous observons une dissymétrie dans les échanges de chaleur entre les océans et l'atmosphère : les mers en cèdent plus facilement par convection qu'ils n'en gagnent par conduction.

Chapitre 10

L'Arctique, le climatiseur de la planète

Le froid caractérise le climat polaire. Il se manifeste par des glaces continentales permanentes et par la banquise. Les milieux polaires se révèlent les lieux les plus inhospitaliers du globe. De ce fait moins habités, ils devraient être moins dénaturés a priori. Pourtant ils subissent les variations climatiques les plus importantes. La prédominance du facteur froid, provoqué lui-même par un photopériodisme tout à fait particulier les singularise : chaque année, règne un jour et une nuit, de six mois. L'aurore dure un mois, le jour cinq mois, le crépuscule s'étend sur un mois. Au total, ils reçoivent 41 % de l'énergie absorbée à l'équateur.

Le pôle Nord nettement plus chaud que le pôle Sud, se situe au milieu de l'océan Arctique. Il agit comme un réservoir de chaleur au niveau de la mer plutôt qu'un sommet enneigé sur un bloc continental. La banquise, telle une fine coquille d'œuf comparée aux 4 000 mètres d'eau sur lesquels elle flotte, se fragmente et se reforme sans cesse, sous l'effet des vents, des courants, des marées.

Été comme hiver, une masse d'air froid stagne au-dessus de l'Arctique. Le faible éclairement solaire incident y participe. Dans cette région, la Terre perd plus d'énergie qu'elle n'en reçoit. Le complément est apporté par l'océan et l'atmosphère. En hiver, le pôle subit -40 °C. Sur les continents, la Sibérie endure -67 °C ; l'été, c'est l'inverse : nous mesurons et 0 °C au pôle et 37 °C en Sibérie. Au Groenland, la présence de la seule véritable calotte polaire maintient toute l'année une plus grande rigueur climatique de 10 °C inférieure au pôle.

L'océan Arctique, centré sur le pôle Nord, entouré de terres, est entièrement recouvert en hiver d'une fine couche de glace de mer, d'un mètre environ d'épaisseur. Celle-ci peut rétrécir jusqu'à deux tiers chaque été. La banquise d'été de l'Arctique semble éprouver un déclin rapide au cours des dernières décennies. De plus, les régions polaires au nord se réchauffent plus vite que la moyenne mondiale. Un phénomène connu sous le nom d'amplification de l'Arctique. Le changement Arctique s'accélère.

L'Arctique est considéré comme le climatiseur de la planète. Sa surface blanche réfléchit les rayons du soleil vers l'espace et maintient les températures fraîches autour du pôle Nord. L'Arctique perd plus de chaleur dans l'espace qu'il n'en absorbe des rayons du soleil. Il répare les déséquilibres des latitudes équatoriales et tropicales incapables d'évacuer dans l'espace l'énergie du soleil reçue localement. Nous avons analysé que la circulation thermohaline se charge de transporter les eaux chaudes vers le pôle, et de rapporter les eaux froides vers l'équateur ; ces va-et-vient de l'eau et de l'air se reflètent dans les changements quotidiens des conditions météorologiques.

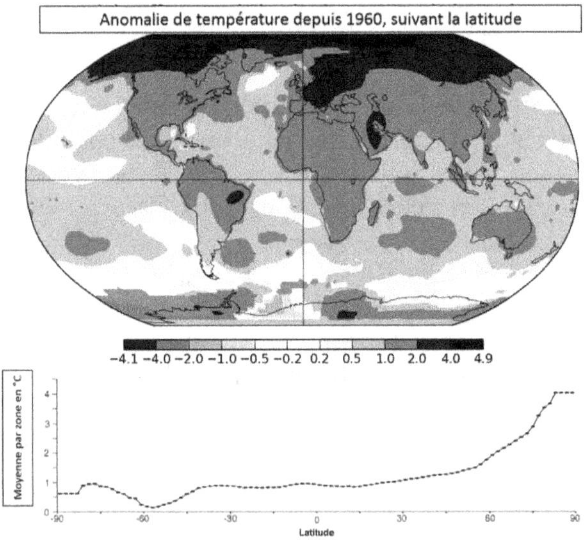

Figure 56. Le réchauffement de la planète suivant les régions depuis 1960.

Sur une année entière, et en regardant le globe dans son ensemble, le gain de chaleur dans les basses latitudes est compensé, en moyenne, par une perte dans les régions polaires.

La quantité d'énergie à transférer dépasse de très loin la capacité de l'eau à diffuser la chaleur. Donc l'essentiel du transport de chaleur est opéré entre surface et profondeur par convection entre les différentes strates. Tous ces mouvements sont-ils déréglés ou obéissent-ils à des fluctuations multidécennales ?

Le réchauffement climatique se révèle hétérogène. Les fluctuations de température de la Terre sur 40 ans démontrent que la zone arctique (64 N-90 N) montre l'élévation la plus forte : 2 à 3 fois plus haute que le reste du globe ; la surface de cette calotte représente 6 % de la superficie de notre planète. Elle contribue à 15 % de la hausse de la température globale.

Nous n'observons pas une telle hausse dans l'Antarctique, au sud. Ce dernier ne bouge pas.

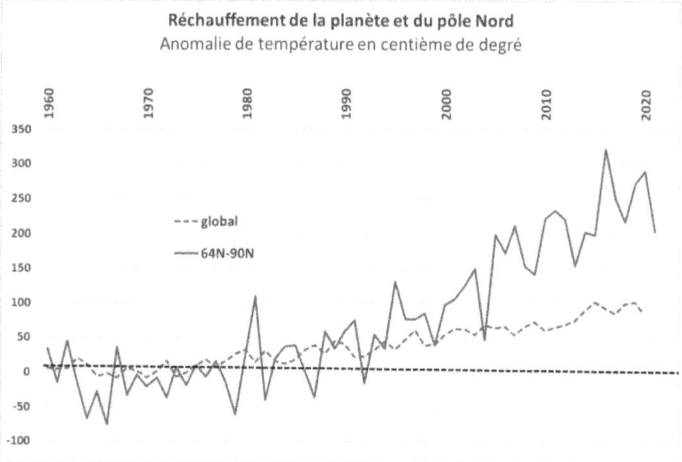

Figure 57. Comparaison du réchauffement de la planète et du pôle Nord, depuis 1960.

Cette amplification au nord a commencé début 2000. Elle devient importante depuis 10 ans. Le rapprochement des courbes souligne le rôle de l'Arctique dans la dynamique du climat planétaire, rôle hors de proportion des 6 % de surface qu'il représente sur le globe.

Le réchauffement est caractérisé par une forte variabilité interannuelle, mais aussi un écart de 2 °C entre l'avènement et la fin du XXe siècle.

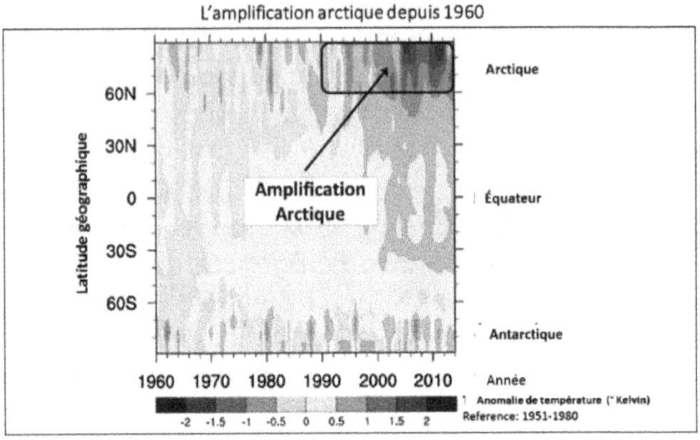

Figure 58. L'amplification des températures depuis 2000, dans l'Arctique.

Relevons trois phases distinctes :

- Un premier échauffement affirmé en 1938, 1943 et 1944.
- Trois décennies marquées par un refroidissement sensible au terme des années soixante, en particulier en 1966.
- Un nouvel épisode de réchauffement depuis les années quatre-vingt-dix a conduit au record de 2002.

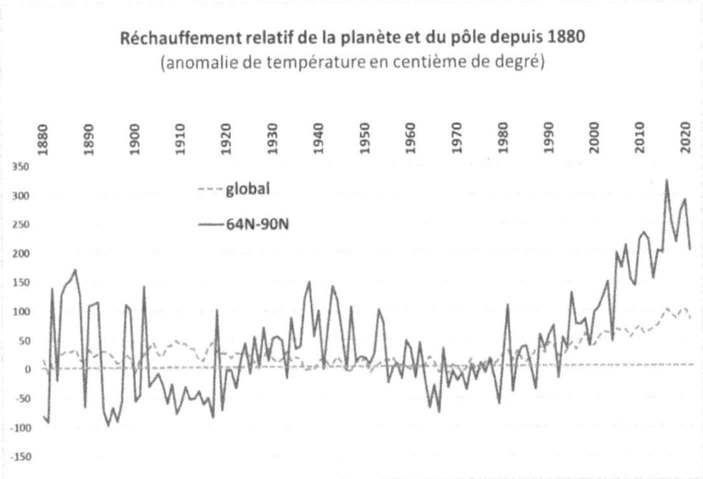

Figure 59. Réchauffement relatif de la planète et du pôle depuis 1880.

De manière indiscutable, l'Arctique enregistre, depuis le début des années quatre-vingt-dix, les signes d'une hausse de température ; il reste à déterminer si celle-ci est due à une variabilité naturelle, ou au réchauffement anthropogénique planétaire.

L'ouverture du passage nord-ouest existait autrefois : en 1906, l'explorateur norvégien Amundsen le traversa en bateau ; en 1940, Henri Larsen, un officier canadien, emprunta le couloir lors de ses expéditions. L'Arctique apparaissait plus chaud qu'aujourd'hui. Ces périodes plus clémentes, dues à des cycles naturels, précédaient évidemment l'augmentation du CO2 anthropogénique.

Plusieurs phénomènes expliquent en partie ce réchauffement. Le froid entraîne une extrême dessiccation de l'atmosphère : 1 m3 d'air peut contenir 17 g d'eau à 20 °C, mais enferme seulement 1 g à -20 °C ; les précipitations se révèlent nécessairement faibles comme dans les déserts. Elles apparaissent sous forme de neige sèche froide, à très petits grains.

Par satellite, nous observons un rayonnement du CO2 au pôle Nord à un taux identique au reste de la Terre. En revanche, la vapeur d'eau en quantité réduite au-dessus des pôles rayonne cinq fois moins qu'aux basses latitudes ; elle n'expulse plus de chaleur dans l'espace. Une augmentation de la concentration en CO2, ou une élévation de la température du sol induisent immédiatement une hausse plus forte de la température de l'air. Évacuer les infrarouges par la vapeur d'eau, comme nous l'observons sur le reste de la Terre n'est plus possible. Au chapitre suivant, nous verrons que l'action de l'homme bloque l'évaporation des surfaces et le refroidissement aux tropiques. Les pôles ne peuvent vaporiser davantage ou compenser la hausse de chaleur venue des tropiques. Ils s'échauffent. Leur pression de vapeur saturante demeure trop faible... À moins de devenir eux aussi des forêts tropicales. Ils l'ont été à certaines époques (20 °C au pôle Nord) ! Le surplus de chaleur des tropiques se déverse au pôle sans pouvoir s'échapper par les couches supérieures. L'océan Arctique prend la relève en faisant descendre les transferts d'eau chaude dans ses abysses.

La réduction de l'albédo lié à la perte d'étendue de la glace de mer et de la couverture neigeuse constitue le deuxième facteur de réchauffement. La banquise et la neige réfléchissent une grande partie du rayonnement solaire vers l'espace. En leur absence, un surplus d'énergie réchauffe les mers et les terres ; il amplifie la fonte de la glace.

La couverture glaciaire sert de premier indicateur. Elle rétrécit sans cesse. C'est la diminution de l'extension des glaces, et de la neige. Nous pourrions penser que la chaleur latente de la glace crée un tampon thermique. Rien de tel. La hausse de la température de l'océan Arctique, due aux courants chauds entraîne la débâcle de la glace. La mer capte davantage de rayonnement solaire que la surface de la glace n'en réfléchit. Sur une période de plusieurs jours et de plusieurs semaines, le sol absorbe la lumière du soleil, l'air stagnant emmagasine la chaleur, les températures augmentent. Rien n'entre et rien ne sort ; un peu comme un four. Aux latitudes nordiques pendant l'été, la clarté du soleil ne s'interrompt pas — même à minuit. La chaleur s'accumule plus rapidement que dans les zones sujettes aux couchers de soleil et donc au rafraîchissement du soir.

Cependant, nous observons une différence significative entre le cycle saisonnier et le réchauffement à long terme anthropique. Les écarts saisonniers entre l'hiver et l'été de l'ordre de 40 °C se révèlent nettement plus larges que la plage de températures désaisonnalisées attribuées au réchauffement climatique. Par exemple, durant les quarante dernières années, période au cours de laquelle une importante perte de glace de mer, due au changement climatique anthropique, a été revendiquée par la science du climat, la plage de température apparaît plus proche de 4 °C. Par conséquent, la dynamique du cycle saisonnier nous semble de peu d'utilité pour comprendre l'effet du réchauffement climatique sur le volume de la banquise. Ce sont des phénomènes différents.

N'avons-nous pas aussi mentionné qu'à énergie égale, l'air de la région Arctique s'échauffe plus vite qu'aux latitudes plus basses ? La loi de Stefan-Boltzmann nous enseigne qu'un surplus de 1 W/m2 entraîne un échauffement de 0,16 °C à 30 °C, et une hausse de 0,31 °C à -30 °C. Le même réchauffement pour la glace et l'eau apparaît beaucoup plus faible.

La circulation de l'eau

Une différence importante existe entre les deux pôles : au pôle Sud, les eaux circulent autour du rond-point formé par l'Antarctique ; dans le cas du pôle Nord, elles arrivent dans une impasse, la mer Arctique complètement fermée ; elles plongent dans les profondeurs et repartent d'où elles viennent, telle la culbute des nageurs sur le mur d'une piscine. La large ouverture entre le Groenland et le Spitzberg offre un boulevard aux eaux de l'Atlantique. Courants de surface et courants profonds les animent les océans en permanence. La rotation de la Terre, la force de Coriolis dévient ces flots. Les masses d'eau océaniques tempèrent ainsi les zones froides et refroidissent la température des régions chaudes.

Les eaux du Pacifique déversent une couche très mince par le détroit de Béring. Presque rien ne ressort par le seuil de Béring vers le Pacifique. Toutes les eaux venues de l'Atlantique y retournent, car leur sortie vers le Pacifique est condamnée.

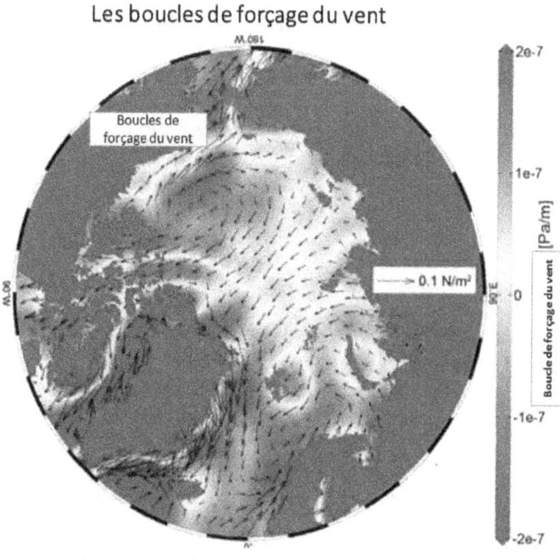

Figure 60. Le forçage du vent sur les eaux de surface.
(Source NOAA)

L'océan Arctique reçoit des apports des océans Atlantique et Pacifique et des rivières nord-américaines et sibériennes. Sa stratification est principalement déterminée par la salinité, la fonte et le gel de la glace de mer, la médiation du vent agissant en surface. La glace se révèle un acteur essentiel du cycle de l'eau douce. Les deux centres clés de l'action météorologique proviennent de l'anticyclone sur le Beaufort, et de la dépression sur l'Islande.

Le vent transporte à l'horizontale l'eau chaude venant de l'Atlantique et la mélange aux eaux douces des fleuves sibériens. Les eaux quittent l'océan Arctique par les détroits de l'archipel Arctique canadien et dans le courant de l'est du Groenland ; elles coulent vers le sud le long de la côte ouest du détroit de Fram.

La raison principale du réchauffement de l'Arctique émane de l'arrivée d'une eau de plus en plus chaude, en provenance de l'Atlantique et du Pacifique. Observons les relevés de température en mer de Barents et dans le détroit de Béring. L'essentiel du réchauffement, compte tenu des échanges caloriques en jeu, provient des masses énormes d'eau plus chaude de 1 °C de l'Atlantique, et des eaux plus chaudes de 3 °C du Pacifique.

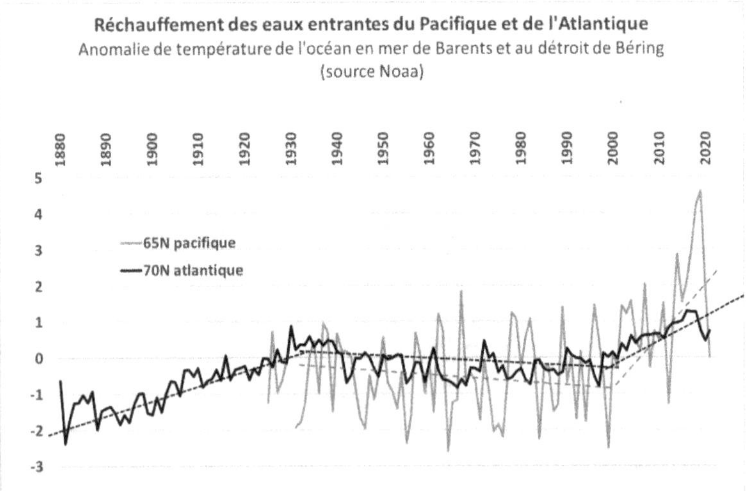

Figure 61. Réchauffement des eaux entrantes du Pacifique et de l'Atlantique.

La période de 60 ans paraît aussi reliée à la circulation thermohaline dans l'Atlantique Nord et à des variations de salinité.

Notons un cycle de 60 ans, ponctué par une baisse faible pendant 60 ans et une hausse plus marquée sur 60 ans. La composante anthropique n'est pas seule responsable des augmentations de température observées. Des mesures en profondeur telles que celles obtenues récemment grâce à la mise en service en 2000 du réseau ARGO de sondes dérivantes nous semblent indispensables. Elles se révèlent complémentaires du satellite altimétrique **Jason,** lancé en 2001 et de Sentinelle 6 placée en orbite en 2020.

En général, une strate superficielle, d'environ 100 m, à la température toujours négative, composée relativement d'eau douce, recouvre une couche intermédiaire, plus chaude et plus salée, de 900 m de profondeur. Et au sud du seuil au large du Groenland et de l'Islande, l'eau forme une cataracte et de 2000 mètres de dénivelé et de 200 km de large. Cette cataracte présente un débit 25 fois supérieur à celui de l'Amazone.

Dans les mers au-dessus de la Scandinavie, l'océan Arctique entre en collision contre les eaux plus chaudes et plus salées de l'Atlantique. Cette région arctique — connue sous le nom de mer de Barents — a subi des changements rapides au cours des dernières décennies. Ici, les températures de l'air ont augmenté à plus de quatre fois le taux moyen mondial depuis le début de l'ère industrielle. Le sommet de l'océan est en général recouvert de glace de mer. Au-dessous s'étend une strate d'eau douce fraîche, suivie d'une couche plus profonde d'eau plus chaude et plus salée livrée à l'Arctique depuis l'Atlantique par les courants océaniques.

Les différences de salinité de l'eau maintiennent en place les strates. L'eau douce fraîche est moins salée que l'eau plus chaude de l'Atlantique et donc flotte plus. Par conséquent, de l'eau plus chaude et plus salée coule sous la couche supérieure plus fraîche. Entre les deux, un gradient abrupt de salinité se forme.

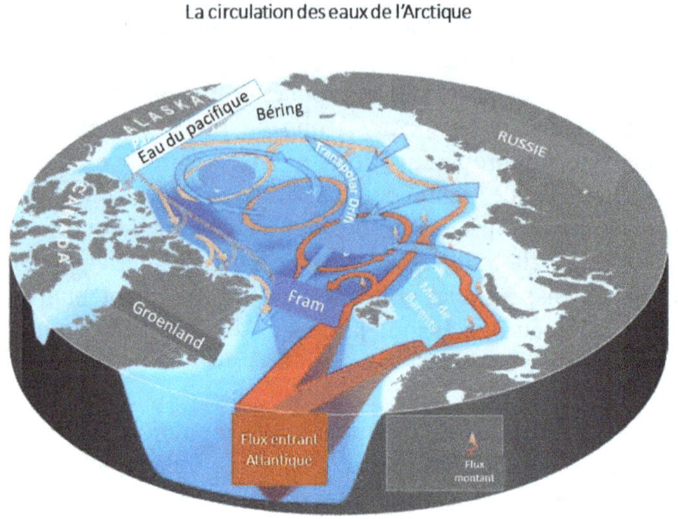

Figure 62. Le flux entrant des eaux de l'Arctique.

La salinité de l'eau de mer, plus que la température, conditionne les plongées d'eau à très grande profondeur. Un excès de précipitations ou d'apports d'eau douce par les fleuves sibériens diminue la salinité de surface de l'océan. Dans ce cas, la glace peut se constituer sur la mer, avant que la densité de l'eau n'ait atteint une valeur suffisamment élevée pour lui permettre de descendre à grande profondeur. Or, une fois formée, la glace de mer bloque les échanges océan atmosphère, et la plongée en eau profonde.

Cette chaleur ne peut pas faire fondre la glace. Mais nous nous posons la question suivante : cette chaleur va-t-elle rester piégée pour de bon ? En supprimant la glace, vous enlevez la couverture du haut de l'océan Arctique. Ce phénomène transforme un océan très calme à quelque chose de plus dynamique.

Disposition des couches d'eau suivant leur salinité et leur température

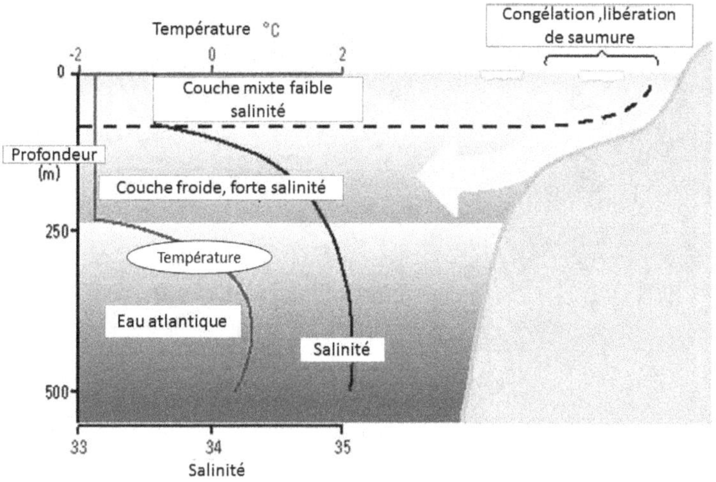

Figure 63. Maintien des couches d'eau suivant leur salinité.

Le gyre de Beaufort participe à l'équilibre de l'environnement polaire en stockant de l'eau douce près de la surface de l'océan. C'est un système anticyclonique de circulation dans l'océan Arctique. Du côté du nord du Canada et de l'Alaska, d'abord, il recueille naturellement de l'eau douce venant de la fonte des glaciers, du ruissellement des rivières et des précipitations. Cette eau douce flotte sur l'eau salée. Elle aide à protéger les glaces de mer de la fonte. Et ainsi, à réguler le climat.

Le gyre de Beaufort libère ensuite lentement — sur une période de plusieurs dizaines d'années — cette eau douce dans l'océan Atlantique, à charge pour ce dernier de l'évacuer progressivement. Ce vaste courant circulaire alternait autrefois de direction dans chaque décennie. Il n'a subi aucun changement en 20 ans. La faute en revient à l'écoulement de l'eau du Pacifique dans le gyre de Beaufort. Une circulation anticyclonique plus forte et plus étroite correspondant à la différence de teneur en eau douce.

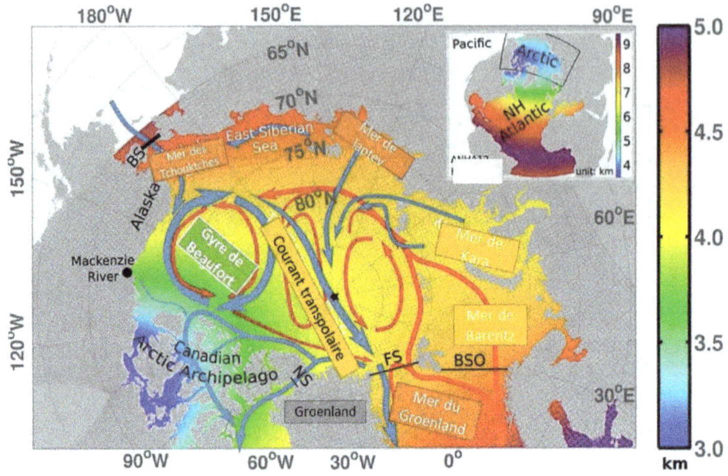

Figure 64. La circulation des eaux dans le gyre de Beaufort.

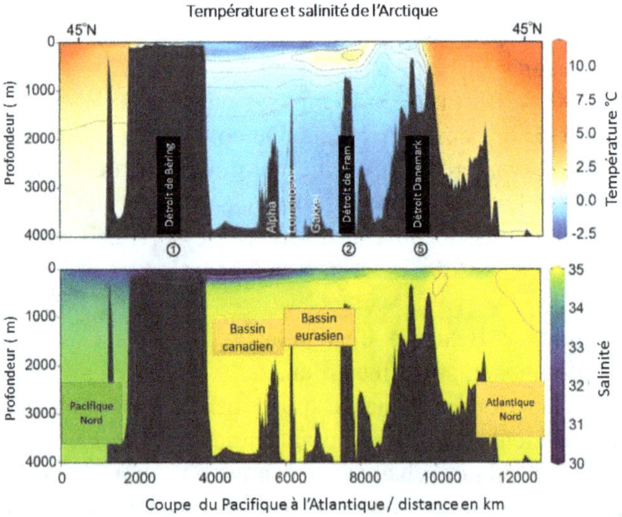

Figure 65. Température et salinité. La bathymétrie explique la circulation des eaux arctiques.
(Source : M.L.Timmermans, WOD 2018, Noaa)

Le gyre amplifie et accumule de plus en plus d'eau douce ; il ne renvoie plus le liquide de refroidissement dans l'Atlantique, mais le conserve en surface : un lac de 8 000 km3 menace de se déverser brutalement, et de refroidir toute l'Europe. Le climatiseur arctique est en panne.

Nous sommes face à une oscillation comme celle d'El Niño. Après le réchauffement, nous devrions donc assister à un refroidissement. Deux oscillations de périodes différentes se superposent. La fonte de la banquise s'est produite en 2002 et 2007 ; mais aussi sur une période plus longue de 20 ans.

Les niveaux de mélange de l'océan Arctique déterminent le sort de la banquise ; la chaleur océanique stockée en profondeur pourrait faire fondre en totalité la glace de mer. Cependant, cette fonte nécessiterait un mécanisme de dissipation, de diffusion, de tourbillons que nous ne détectons pas. À l'heure actuelle, l'océan Arctique présente des taux de mélange globalement faibles.

Le scénario futur se dessine : un océan Arctique libre de glace, pendant une partie de l'été et de l'automne et une banquise de mer plus mince et plus mobile en hiver et au printemps.

Au cours des décennies récentes, un réchauffement général de l'océan Arctique supérieur a été observé. Les tendances indiquent une augmentation d'environ 0,5 °C en été par décennie les trente dernières années. Cette hausse résulte principalement d'un surplus de l'absorption solaire estivale dans l'océan de surface, associée à des disparitions de glace de mer et à une diminution de l'albédo de l'océan Arctique ; le mécanisme de rétroaction glace-albédo a été un facteur des récentes pertes de la banquise. Le transport de chaleur de l'océan Pacifique par le détroit de Béring s'est intensifié de 60 % entre 2001 et 2014, passant d'à peu près 10 TW en 2001 à 16 TW en 2014. Entre 1992 et 2012, la teneur totale en eau douce de l'océan Arctique a enflé d'un taux de 600 ± 300 km3 par an ; environ, les deux tiers ont été attribués à une diminution de la salinité, le reste résulte d'un épaississement de la couche.

La circulation de l'air

Une masse d'air arctique froide très dense est installée en permanence au-dessus du pôle, créant une zone de haute pression. Nous y observons un étonnant phénomène d'inversion thermique. L'air apparaît plus chaud à quelques centaines de mètres d'altitude qu'au niveau du sol. Cette masse d'air glacial a tendance à s'écouler vers le sud ; elle est déviée par la rotation du globe.

La fonte du manteau de neige, les vents descendant du pôle Nord, bloqués sur la Côte-Nord sibérienne, entraînent un échauffement de cette région. La difficulté est d'expliquer les causes des phénomènes en jeu. Notons de hautes pressions particulièrement stables liées à la diminution de la couche d'ozone certains mois (mars) dans la stratosphère.

Au cours de l'hiver polaire, la circulation stratosphérique est marquée par la formation d'un vortex cyclonique intense. Chaque automne commence la nuit polaire. La stratosphère baisse sa température de 240 K (-33 °C) en juillet, à 200 K en décembre, en fonction de la durée des jours. Ce refroidissement se traduit par une chute de pression sur le pôle Nord. Une zone de faible pression tourbillonnaire s'installe, compte tenu des zones de latitude plus basse éclairées et donc plus chaudes. Ce tourbillon puissant créé par la force de Coriolis s'installe chaque hiver. Il descend jusqu'au sol. Six fois par décennie, ce vortex peut s'affaiblir ; il entraîne une hausse de la température au-dessus du pôle de 50 °C en quelques jours. L'air en tombant se réchauffe. Ce réchauffement se produit entre 10 et 50 kilomètres d'altitude. Nous n'en voyons pas les conséquences directes, mais nous observons des effets indirects considérables.

Par exemple en décembre 2020, nous avons remarqué une réduction du vortex. Telle une pichenette dans une toupie. Celle-ci s'est déplacée de l'axe des pôles vers le Groenland. Une modification de la vitesse des vents de l'ouest vers l'est a suivi. Le vortex, sorti de son axe, a faibli. L'air plus chaud de la stratosphère l'a comblé en partie. L'air froid qu'il contenait est descendu sur les États-Unis et la Sibérie. Une énergie considérable s'impose pour déplacer ces champs de pression. La quasi-totalité des UV solaires absorbés par la stratosphère et la mésosphère peut être restituée brutalement en quelques jours, au budget énergétique de la Terre sous forme d'énergie thermique et gravitationnelle ; la cause est-elle due à la réduction de l'éclairement UV du soleil, responsable de la dilatation de la très haute atmosphère ? N'avons-nous pas observé une chute assez inhabituelle de l'éclairement solaire de 0,5 W/m2 du 29 novembre au 1er décembre 2020 ? Soit 180 TWh, 1/8 de la consommation mondiale d'énergie pendant 3 jours. Cette chute d'éclairement a sans doute provoqué la pichenette responsable de la rupture d'équilibre sur laquelle reposait le vortex.

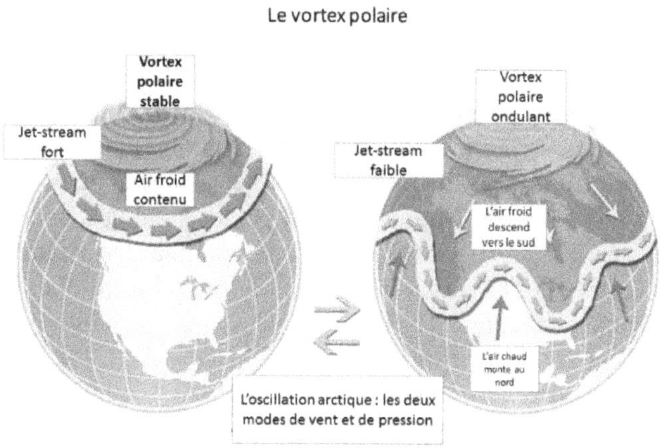

Figure 66. Le vortex polaire.

Les spécialistes ont commencé à s'intéresser à ces vortex polaires seulement en 1980 à la suite de la formation d'un trou d'ozone au-dessus du pôle Sud. Les vortex jouent un rôle majeur sur le climat et sur la troposphère. Ils n'agissent pas directement sur le bilan radiatif comme aux autres latitudes. Plus forts au pôle Nord qu'au pôle Sud, ils entraînent des fluctuations de température beaucoup plus importantes.

La variabilité interannuelle de ces vortex est liée à la circulation atmosphérique, aux éruptions volcaniques, et aux changements de concentration d'ozone, mais aussi aux turbulences de l'éclairement solaire.

Un déficit dans la couche d'ozone au-dessus du pôle Nord s'est produit en mars 1995, 96, 97 et 2011. Il s'en est suivi un vortex polaire fort stable et durable, et des températures anormalement basses dans la stratosphère. Lors de l'hiver 2010 — 2011, la stratosphère au-dessus du pôle est apparue inhabituellement froide. Nous avons observé un volume de nuages stratosphériques suivre la destruction de la couche d'ozone. Un phénomène simultané a eu lieu au pôle Sud.

Cette anomalie peut être causée par la température de l'océan Pacifique dans le détroit de Béring plus chaude que d'habitude.

Les variables à l'origine de la rupture du vortex polaire restent mal documentées, de même que le réchauffement soudain de la stratosphère.

Pour indiquer la force du vortex polaire, les experts ont introduit la notion d'oscillation arctique, la variation de différence de pression atmosphérique au niveau de la mer entre 20° N et le pôle. Une oscillation positive indique une pression plus élevée à 20° N et plus faible au pôle ; la stratosphère tend à se refroidir et le vortex polaire se renforce. En Europe, le temps devient plus chaud et plus humide. Dans la phase positive, la pression atmosphérique plus basse sur l'Arctique transporte l'air tempéré vers le nord et l'eau tiède de l'Atlantique dans le bassin Arctique. En phase de réchauffement, l'oscillation arctique apporte l'eau plus salée venant de l'Atlantique. En raison de cet accroissement de la quantité de sel dans le bassin arctique, moins de glace de mer se forme en hiver. Dans la phase négative (1950-1975), l'oscillation ralentit l'arrivée de l'eau plus salée et permet à l'eau froide du Pacifique d'entrer dans le bassin Arctique.

Lors de l'hiver 2019-20, l'oscillation était positive et donc le vortex polaire était concentré sur le pôle ; des températures plus élevées que d'habitude à nos latitudes ont été relevées. Nous avons observé l'inverse lors de l'hiver 2020-21.

L'oscillation arctique ne se limite pas aux pressions de surface, mais influence l'intensité du vortex polaire et la circulation d'ouest concernant l'atmosphère dans toute son épaisseur jusque dans la stratosphère, bien au-delà de la tropopause. L'origine des perturbations provient de la stratosphère, et agit vers les basses couches. Nous constatons leurs effets sur la troposphère trois semaines plus tard. L'hypothèse d'un pilotage par la stratosphère de la variabilité climatique constitue aujourd'hui une théorie séduisante.

Les conséquences du réchauffement de l'Arctique.

Des feux intenses non maîtrisés dans le nord de la Sibérie expliquent pour une grande part l'augmentation de température observée sur Terre au début de l'année 2020. Ces mois-là, la destruction de la couche d'ozone y a contribué, le rayonnement UV n'étant plus arrêté.

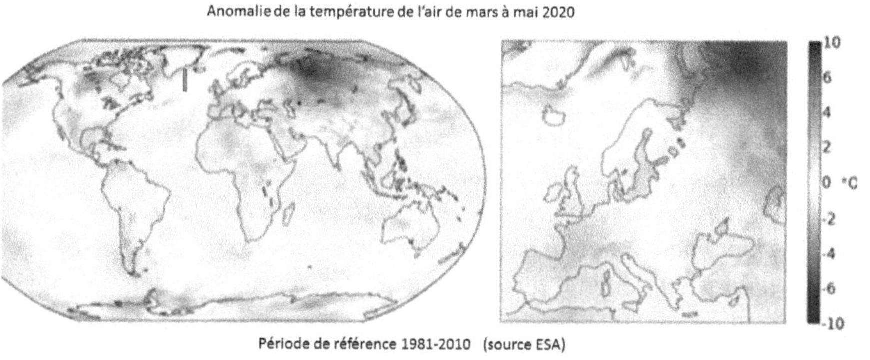

Figure 67. Les anomalies de température de l'air entre mars et mai 2020.

Mais aussi en Alaska. Ils sont dus soit aux éclairs, soit à l'activité humaine. En 2019. 100 Mt C ont été libérés.

La décroissance du pergélisol relâche des gaz captés depuis des millénaires. Cet accroissement régional de température de l'Arctique, plus forte que sur le reste du globe, induit une hausse de la température moyenne de la Terre plus grande que celle observée dans les zones tempérées. Si l'anomalie de température s'élève de 0,8 °C depuis 1961, elle a augmenté de 0,7 °C sous les latitudes inférieures à 64 N, et de 2 °C au pôle.

En conclusion, la stabilité du gyre de Beaufort nous fournit l'élément clé du réchauffement de l'Arctique, et donc de l'atmosphère terrestre. Sommes-nous face à une oscillation dans l'océan Arctique comme nous l'observons dans le Pacifique, mais sur une durée beaucoup plus longue ? Par exemple 10 ans ? Comment va évoluer le gyre de Beaufort, cet énorme lac d'eau douce suspendu, en rotation, animé par un anticyclone puissant ? Si jamais ce dernier venait à s'affaiblir, nous verrions toute cette eau se déverser dans l'océan Atlantique et refroidir le nord de l'Europe.

Les conséquences deviendraient beaucoup plus fortes que celle induite par les gaz à effet de serre pendant quelques années. Quelle est la part due à l'homme ?

La quantité de chaleur accumulée sous la banquise remonte-t-elle uniquement aux années postérieures à 1970 ?

Ce que nous devons retenir : le pôle Nord se réchauffe plus que le reste du globe. La vapeur d'eau en concentration réduite au-dessus des pôles expulse cinq fois moins d'énergie qu'aux basses latitudes. Par son action, l'homme a diminué l'évaporation naturelle aux tropiques, la chaleur se retrouve transportée aux pôles où elle ne peut s'évacuer.

Le rôle de la stratosphère n'est pas totalement compris. L'homme en participant à la destruction d'ozone, provoque-t-il un réchauffement de la Terre et un refroidissement de la stratosphère ?

Chapitre 11

L'activité humaine, la couleur des sols et la transpiration des plantes

L'équilibre thermique et la température d'un satellite immergé dans le vide spatial demandent une attention particulière. Les deux découlent du couple albédo-émissivité : le rayonnement du soleil réfléchi d'une part et la chaleur thermique émise d'autre part dépendent de la nature des surfaces. Nous recouvrons souvent nos satellites de « papier chocolat » pour augmenter la réflexion et diminuer l'émissivité. Dans le cas du chocolat, l'aluminium de l'emballage a pour fonction de le protéger de la lumière. L'activité humaine modifie le binôme albédo-émissivité, au niveau du sol de la Terre, par une urbanisation croissante et la construction toujours plus importante de routes. Mais aussi et surtout par la déforestation.

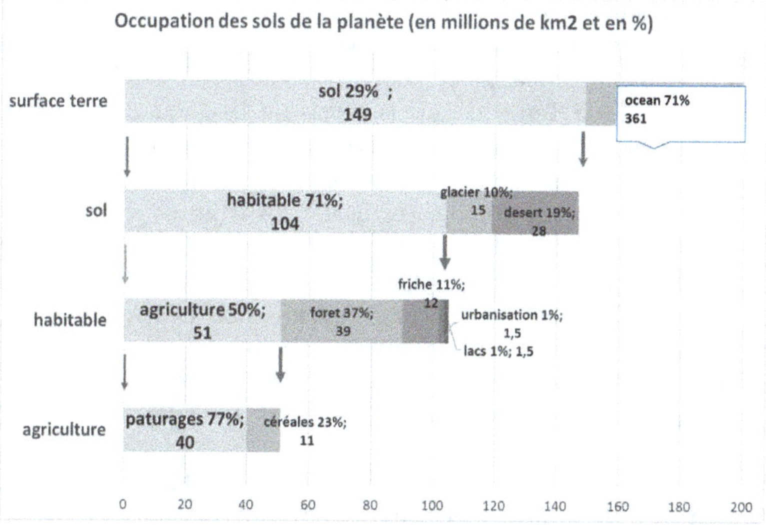

Figure 68. L'occupation des sols de la planète.

Beaucoup de nos contemporains ont compris l'impact thermique des métropoles. Peu ont vécu l'expérience de la forêt tropicale et son fort effet de refroidissement.

L'urbanisation

Depuis 1950, la population mondiale des villes a presque été multipliée par six, passant de 751 millions à 4,2 milliards en 2018. Les activités humaines intenses dans ces zones bâties conduisent à un phénomène, baptisé « îlots urbains de chaleur », caractérisés par des températures plus élevées que dans la campagne environnante, jusqu'à 10 °C.

En effet, les agglomérations, de plus en plus minéralisées, font appel à des matériaux de construction denses, avides d'absorber l'énergie du soleil. Moins végétalisées, elles délivrent moins d'ombre, rafraîchissent peu les espaces, notamment par le biais de l'évapotranspiration. Les bâtiments, selon leur morphologie, peuvent également empêcher le vent de circuler et de rafraîchir les rues. En outre, la chaleur résiduelle des moteurs de voiture, des climatiseurs et d'autres appareils énergivores vient s'ajouter à l'augmentation globale de la température de l'air.

Depuis 20 ans, la superficie occupée par les villes est passée de 360 000 km² à plus de 650 000 km². Soit 1/1 000 de la surface de la Terre. L'Asie (notamment la Chine et l'Inde) et l'Afrique (notamment le Nigéria) s'urbanisent à grande vitesse.

Dirigeant une PME chinoise à la fin des années quatre-vingt-dix, j'ai visité de nombreuses usines disséminées en Chine. Je fus abasourdi à la découverte d'une centaine de métropoles de 10 millions d'habitants, villes inconnues du grand public en France. C'est le résultat d'une urbanisation très rapide de la Chine où huit cents millions de Chinois ont rejoint les mégapoles. Ces constructions entraînent la modification des caractéristiques de réflexion, d'émissions, et de vaporisation des sols.

L'urbanisation augmente l'absorption du rayonnement solaire, mais surtout elle affaiblit le rayonnement infrarouge émis par les surfaces telles que les toits, la tôle ondulée, les couvertures en zinc, les graviers, le ciment ; l'émissivité peut descendre à 50 %. Cette baisse induit une chaleur conservée plus importante au niveau du sol, supérieure à 180 watts par mètre carré, les fameux îlots de chaleur que nous pouvons tous observer dans nos grandes métropoles. Les routes au goudron noir présentent une absorption plus forte de la chaleur solaire en réduisant l'albédo local de 20 %.

Cette urbanisation rapide bloque la transpiration des sols. Nous constatons autant de refroidissements de la planète en moins ; l'imperméabilisation des surfaces des agglomérations emporte immédiatement les pluies, vers les cours d'eau par les réseaux d'eaux pluviales. Le taux de vapeur d'eau dans l'air diminue en réponse à l'absence d'évaporation, entraînant une hausse importante de chaleur. L'orage de fin de soirée en juin refroidit la campagne, mais pas la ville. Au lieu d'être absorbée puis de s'évaporer, l'eau ruisselle, monte le niveau des rivières, et va rejoindre la mer. Cette dernière se chargera de refroidir la surface de la Terre, en prenant le relais de nos métropoles qui imperméabilisent les sols.

La démographie galopante de l'Inde, du Nigéria, ou de l'Éthiopie nous rend peu optimistes pour voir décroître l'emploi des tôles ondulées comme seul toit. Les couvertures en zinc des Parisiens contribuent aussi de manière sensible au réchauffement ; elles ne réémettent pas l'énergie solaire absorbée.

Certains pensent à revêtir nos artères en blanc pour renvoyer les rayons du soleil. Appliquer un coup de peinture sur les routes contre le réchauffement climatique. La ville de Los Angeles, où les températures peuvent dépasser les 40 °C en pleine saison chaude, teste cette solution ; elle est l'une des premières mégapoles au monde à essayer ces *« cool pavements »* ou « chaussées fraîches ». Quelques rues à travers la cité sont enduites d'un revêtement spécial blanc grisé. La chaleur sur la surface noire des goudrons grimpe à 42 °C en été. Sur la paroi de l'autre côté, peinte en clair, nous mesurons 36 °C. Donc une différence de température de 6 °C.

Le dispositif pourrait s'avérer efficace près de l'équateur, là où le soleil monte à la verticale. Elle le devient beaucoup moins aux latitudes élevées.

Au total, cette urbanisation contribue à un réchauffement de l'ordre de grandeur de celui créé par le CO2. Elle est aussi responsable des inondations.

La déforestation

Les mesures de température montrent que les forêts tropicales créent un effet de refroidissement intense tout au long de l'année. Les forêts tempérées présentent un effet de refroidissement modéré en été, de réchauffement modéré en hiver et au total un effet refroidissement net annuel. Les forêts boréales connaissent un fort réchauffement en hiver, un refroidissement modéré en été et au total un réchauffement net annuel.

Les forêts tropicales humides abritent la plus grande diversité de vie, en ce qui concerne les plantes et les animaux, contenant plus de la moitié de toutes les espèces dans le monde. Les conditions y permettent le développement d'une gamme incroyable d'organismes, créant une quantité vertigineuse de variétés.

Le déboisage entre 1990 et 2015 s'élève à plus de 240 millions d'hectares. À peu près, autant de surface boisée risque de disparaître d'ici à 2030, soit 1/200 de la surface terrestre.

Le défrichement a pour répercussion de libérer le gaz carbonique stocké dans les arbres et dans le sol des forêts, mais surtout supprime la transpiration des plantes. Il constitue l'une des causes principales du changement climatique, la moitié de l'élévation de température, deux fois les émissions de gaz à effet de serre dues à l'activité humaine — davantage que le secteur du transport dans son ensemble. Fait plus grave encore, la déforestation a eu tendance à s'accélérer au cours des dernières années dans certaines régions. Elle est poussée par la hausse du prix des matières premières agricoles ainsi que, dans le cas de l'Asie du Sud-est, par la forte demande de bois émanant de Chine. Ce pays a interdit l'abattage des arbres sur son propre territoire. Les terres gagnées sur la forêt servent majoritairement à la culture intensive du soja ou de l'huile de palme, le tout à destination de l'exportation.

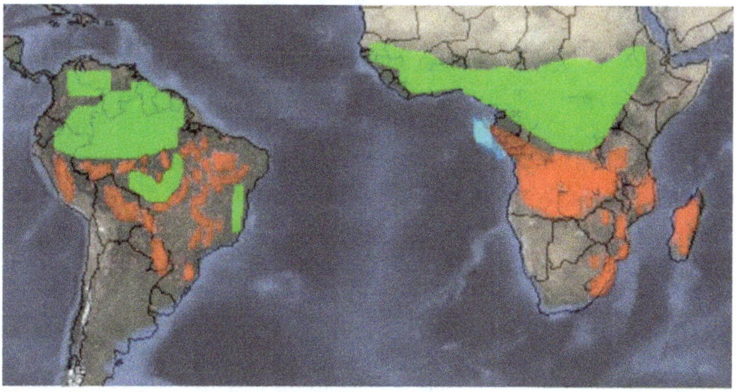

Figure 69. Les feux sauvages des forêts tropicales.
Le déboisage dans le monde. La planète prend feu, et ses occupants préfèrent discuter du CO2.

Les experts estiment que 75 % des ressources en eau douce de la planète proviennent d'une zone de captage boisée. Les racines des arbres accroissent une plus grande capacité de rétention de l'eau issue des précipitations, dans les sols ; cette accumulation entraîne une meilleure recharge des aquifères ainsi qu'une régulation du débit des fleuves tout au long de l'année, rendant les périodes sans pluie moins douloureuses. Les hydrologues ont remarqué depuis longtemps que les bassins versants forestiers présentaient des écoulements plus faibles que ceux couverts de cultures ou de prairies, pour des conditions comparables de climat et de sols. De plus, les forêts favorisent les précipitations à travers l'évapotranspiration. Ainsi, il a été observé, par exemple, que le défrichement de l'Amazonie tendait à causer une baisse des précipitations dans la région, d'où en retour, une menace plus grande pour la forêt restante. Les averses apparaissent deux mois avant que le système de vent ne puisse apporter l'eau de la mer sur la forêt. Les arbres font pleuvoir. Il pleut en effet de décembre à mai, puis le soleil domine de juin à septembre. Mais entre septembre et décembre, s'intercale une période intermédiaire où il pleut, alors que les conditions ne s'y prêtent pas. En effet, durant ces mois, les vents ne permettent pas encore aux nuages formés au-dessus de l'océan de venir arroser le massif amazonien selon le principe de la mousson. Les plantes jouent un rôle clé dans la régulation des précipitations et dans le déclenchement de la mousson. La déforestation a-t-elle atteint une ampleur au point de mettre un terme au phénomène de « rivières volantes » ?

Ces rivières volantes, d'immenses courants d'air humide générés par la forêt tropicale, produisent une influence majeure dans le cycle hydrologique. Elles permettent au Brésil de posséder un climat très humide, alors qu'il se situe à des latitudes désertiques similaires au sud de l'Afrique ou en Australie.

L'Amazonie représente le cœur du système de transpiration au sein de notre planète. Elle constitue un des radiateurs de la Terre, assistant au rejet de la chaleur dans l'espace. La forêt participe au rôle tampon sur les températures. Elle capte plus de rayonnement solaire que les autres sols étant donné sa couleur sombre. Mais cette énergie est restituée par évapotranspiration, monte dans les hautes couches de l'atmosphère par convection, et finalement rayonne dans l'espace. L'air au-dessus de la canopée plus frais contribue à refroidir toute la Terre. Le déboisement modifie les volumes de précipitation, augmente la chaleur et diminue les quantités d'eau. L'Amazonie pompe et rejette dans l'atmosphère environ 20 milliards de tonnes d'eau par jour. Le défrichement en a supprimé un quart ; cette réduction représente 0,3 W/m2 d'énergie en moins évacué dans le haut de l'atmosphère. Cette chaleur stagne au sol.

Les forêts tropicales nous fournissent le seul instrument efficace pour lutter contre le réchauffement. Outil sans commune mesure à celui du carbone.

Peut-être qu'un jour les carbocentriques étudieront le cycle de l'eau dans le réchauffement climatique ? Ils comprendront alors où il convient d'agir.

Les forêts tropicales humides représentent presque un tiers des massifs du monde. Elles jouent un rôle important dans la régulation du climat : absorption de la radiation solaire, refroidissement par évapotranspiration, sources de vapeur d'eau pour la formation de nuages. Environ, la moitié des pluies du bassin amazonien vient de l'évapotranspiration de la forêt.

Le déboisement entraîne une baisse d'émissivité de 10 % soit 36 W/m2. Pour l'ensemble du globe, le chiffre s'élève à 0,17 W/m2. Mais le plus grave réside dans l'absence d'évapotranspiration autrefois générée par la forêt. La perte de la chaleur latente monte à 0,78 W/m2, répartie sur tout le globe. 480 millions d'hectares de forêts manquent pour évacuer chaque année environ 1 000 mm d'eau, accompagnés de la chaleur nécessaire à l'évaporation. L'importance de ce cycle pour les forêts tropicales : la forêt amazonienne génère sa propre pluie — jusqu'à 75 %. Le reste, un quart, vient de l'océan Atlantique par le grand cycle (évaporation au-dessus de l'océan et averses sur l'Amazonie). La transpiration des arbres et la chaleur moindre au sol rendent l'atmosphère en haut de la forêt plus fraîche que dans les zones environnantes. Cette évaporation crée un courant thermique ascensionnel ; les masses d'air transportées par le vent montent, puis se refroidissent. Ainsi se forment les nuages, où la température refroidie en altitude condense l'eau plus vite qu'au-dessus de territoires non boisés, d'où l'abondance des précipitations locales. Jusqu'à 40 % de la vapeur d'eau produite par les arbres peut retomber sous forme de pluie dans la région. La forêt expulse de cette façon 1,4 fois l'évapotranspiration en chaleur.

L'ascenseur d'évacuation de chaleur réalisée par la vapeur d'eau diminue à la suite du défrichement. C'est autant de chaleur accumulée en plus dans les sols. L'impact de la forêt apparaît supérieur au blocage des infrarouges par le CO2.

De plus, la photosynthèse opérée par la couverture végétale participe au seul processus naturel apte à absorber de larges quantités de carbone et à les retirer de l'atmosphère. C'est davantage que l'atmosphère. La FAO (Organisation des Nations unies pour l'alimentation et l'agriculture) estimait qu'en 2005, les écosystèmes forestiers stockaient 638 Gt de carbone, à la fois dans la végétation (283 Gt), dans le bois mort (38 Gt) et dans le sol (317 Gt). Cette capacité de rétention varie selon les régions : un inventaire la présente plus forte en Amérique latine et en Afrique subsaharienne qu'en Asie.

En l'absence de toute mesure, les projections prévoient que les émissions liées à la déforestation s'arrêteront de toute façon vers 2050, lorsque 85 % des forêts de pays comme le Brésil ou l'Indonésie auront disparu. Mettre fin au déboisement dès à présent, atténuerait de manière concrète le réchauffement planétaire.

Ces chiffres ne vous parlent pas. Imaginez que l'homme finisse par transformer l'Amazonie en un vrai désert après avoir abattu tous les arbres, le volume de pluie observé sur cette région se retrouverait dans les mers. Elle représente une quantité de 35 cm de hauteur d'eau répartie sur l'ensemble des océans. À comparer aux 3 mm de hausse annuelle constatée aujourd'hui.

À la base de la vie règne la photosynthèse. Nous ne posons pas suffisamment la question suivante : « Pourquoi l'arbre capte-t-il le CO2 ? ». Tout d'abord pour se nourrir lui-même. La photosynthèse capte le CO2, le débarrasse de son oxygène, lui colle des atomes d'hydrogène et aussi colle les atomes de carbone entre eux. Elle le transforme en glucose, en apportant beaucoup d'énergie, grâce au soleil.

L'arbre fabrique du sucre, un élément indispensable pour alimenter ses fonctions vitales. Comme tout être vivant, il consomme de l'énergie pour exister, et il utilise l'énergie contenue dans le glucose. Ces sucres structurent tous les êtres vivants ; une fois assemblés, ils forment des « chaînes carbonées » solides et légères dont le bois incarne un superbe exemple. La première propriété fondamentale du carbone sert de support à un vecteur chimique d'énergie. Le carbone accumule l'énergie solaire dans ses liaisons chimiques et la restitue quand il se lie à nouveau à de l'oxygène, et se métamorphose sous forme de CO2. Ainsi, capter du CO2, « dope » l'arbre en énergie, et il en vit, tout naturellement.

Quand nous brûlons le bois, le feu casse les liaisons chimiques carbone-carbone et carbone-hydrogène, et colle à la place de l'oxygène, en récupérant au passage le jackpot d'énergie. Carbone et oxygène recréent du CO2.

Autre faculté remarquable des arbres, à laquelle nous devons humilité. Ils fabriquent cette fibre de carbone à la température ambiante, à partir des éléments qu'ils possèdent sous la main, ou plutôt sous leurs feuilles, et uniquement en utilisant des matériaux recyclés. Notre technologie ne réalise pas de telles performances écologiques, lorsque nous produisons la fibre de carbone.

Certes, la forêt mondiale séquestre le CO_2 à dose de 5 milliards de tonnes chaque année, dans les troncs d'arbre. Au total, elle emprisonne 30 % du CO_2 émis dans l'atmosphère. Le déboisement libère 11 milliards de tonnes par an, soit 15 % des émissions. Mais contrairement à ce que disent les médias, l'Amazonie ne représente pas le poumon de la Terre. À la fin d'une journée, nous n'observons pas la transformation du CO_2 en oxygène. La forêt détruit autant d'oxygène, qu'elle en crée par sa respiration.

La superficie de forêt du Laos s'est réduite depuis 1975. À cette époque, j'ai établi, pour le bassin du Mékong, la première cartographie de la totalité des forêts du Laos, à partir des images du satellite Landsat 1, en allant vérifier sur place, la fameuse « vérité terrain ». La couverture forestière est passée de 65 % à moins de la moitié aujourd'hui. L'exportation de bois est pourtant interdite ; le Vietnam, son voisin en profite.

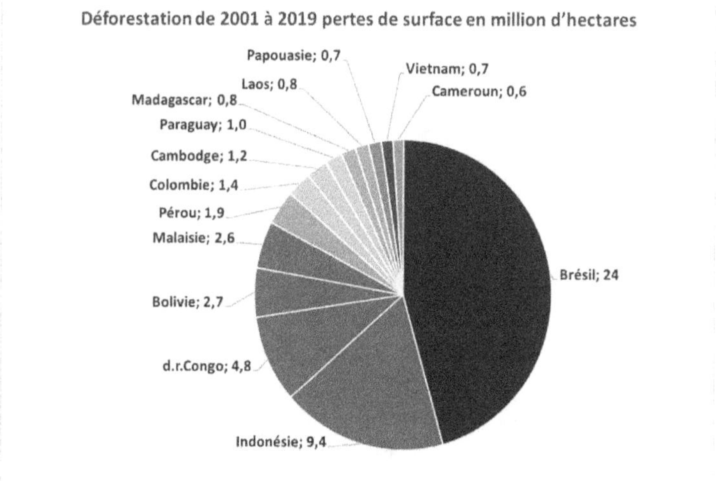

Figure 70. La déforestation tropicale de 2001 à 2019 par pays.

Les mesures par satellites démontrent que, en moyenne annuelle, les forêts tropicales (6,25 millions de kilomètres carrés) créent un effet de refroidissement de – 2,4 °C au sol par rapport aux surfaces cultivées. Sous nos latitudes, l'effet se révèle bien moins marqué, sinon nul. En revanche, les forêts boréales au-delà de 50° de latitude couvrent 9,20 millions de kilomètres carrés, donc une étendue plus grande que celle des forêts tropicales. Elles présentent un fort effet de réchauffement local de + 0,8 °C, quoique moins important que celui du refroidissement des forêts tropicales.

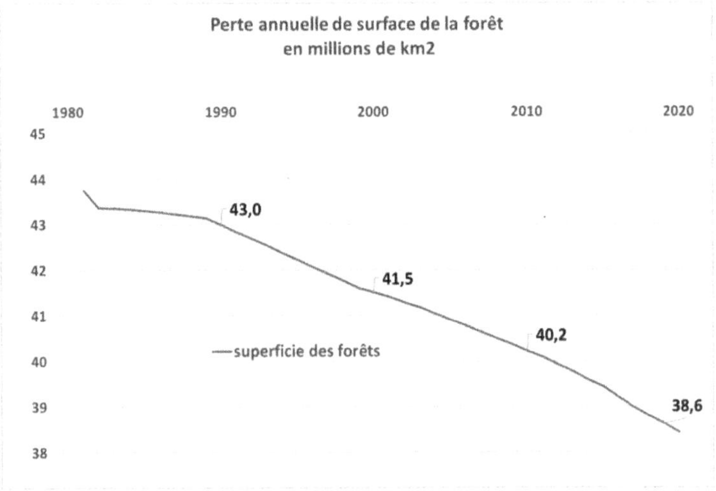

Figure 71. Les pertes annuelles de forêt.

D'une façon générale, les terrains découverts affichent un albédo plus élevé que les forêts et absorbent moins les radiations solaires durant la journée ; donc ils se réchauffent moins ; en revanche, l'évapotranspiration y apparaît plus faible et conduit à une moindre perte de chaleur latente. La chute de neige accentue le phénomène. L'importance relative de ces deux phénomènes dépend de la latitude et, pour les forêts boréales, l'effet albédo est renforcé.

De là à couper les forêts boréales… les incendies des massifs sibériens ne réchauffent la planète qu'à l'instant où ils brûlent, mais leurs conséquences abaissent la température dans les mois suivants. Nous l'avons observé en 2020.

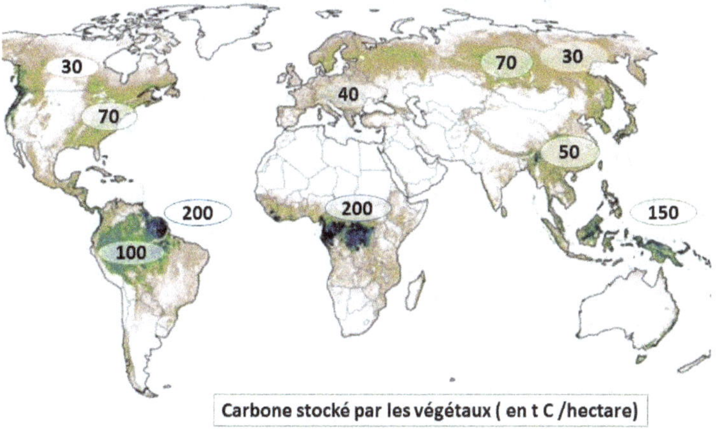

Figure 72. Cartographie des zones de stockage du CO2 par la végétation.

Nous pensions que les forêts tropicales étaient des puits de carbone. Autrefois, elles absorbaient quatre fois plus que les forêts tempérées et boréales. Ce n'est plus vrai. La Nasa a compilé 20 années de données. La capacité de plusieurs forêts tropicales à capter le CO_2 a considérablement diminué. L'Amazonie, jadis un formidable puits, est en train de devenir neutre. La Chine représente un des rares pays à augmenter ses forêts de manière substantielle.

Pourquoi déboisons-nous autant ?

Ces forêts partent en fumée pour 3 raisons : le soja, l'huile de palme, et le cacao. Des protéines de qualité, faciles à obtenir, à bas coût, mais discutables sur le plan de la santé.

L'industrie de l'élevage bovin dans le secteur de l'Amazonie provoque environ 80 % du défrichement de la région ; cette réduction représente 14 % de la déforestation à l'échelle mondiale chaque année ; c'est le moteur essentiel du déboisement. La France peut-elle mettre en cause le Brésil « et en même temps » continuer à importer en masse du soja venu d'Amérique latine ? Un cargo rempli de 60 000 tonnes de tourteaux de soja brésilien arrive en moyenne tous les dix jours dans un port français. Pourquoi la France en consomme-t-elle autant ? Pour faire produire les 3,5 millions de tonnes importées chaque année, 12 000 km² supplémentaires de terres exploitables deviendraient nécessaires en France. Soit 3 départements français dédiés uniquement à cette culture. Nous ne sommes pas près d'arrêter la venue des navires. L'alimentation des Français provoque en partie la déforestation en Amazonie : pour obtenir 100 grammes de blanc de poulet, 109 grammes de soja sont insérés dans la denrée. En somme, cette plante oléagineuse présente le principal contributeur européen au déboisement. Son prix reste faible tant qu'il n'intègre pas dans le coût final les conséquences environnementales — déforestation en Amérique du Sud, culture OGM et utilisation massive de pesticides, réchauffement climatique. Le Brésil veut garder sa souveraineté sur l'Amazonie. Nous n'avons d'autre choix que d'interrompre net les importations de soja, pour casser les tarifs. Arrêtons notre contribution volontaire à ce défrichement intensif.

S'appuyant sur des motifs écologiques — la culture de l'huile de palme constitue l'une des principales raisons du défrichement en Indonésie et en Malaisie. Ces pays pèsent pour 85 % dans la production mondiale. L'Indonésie et dans une moindre mesure la Malaisie s'insurgent contre la décision de l'Union européenne de vouloir sortir l'huile de palme de la liste des biocarburants — et les avantages douaniers afférents — d'ici à 2030. Consommer de l'huile de palme produite à l'autre bout de la planète pour la mettre dans les moteurs de nos voitures au motif qu'elle représente un carburant non fossile… Absurde, avez-vous dit ? Cette composante s'avère la denrée existante la plus toxique pour le réchauffement : deux cents fois supérieur au pétrole. Le gouvernement la détaxe. La France continue de l'importer alors que l'UE l'a interdite.

L'huile de palme apparaît 7 fois plus efficace que l'huile de colza. C'est un bon produit. Mais il contribue au réchauffement climatique. Il est aussi intégré dans la confection de friandises très consommées par les enfants (Nutella, Kinder, Ferrero

Rocher), en quantité beaucoup plus faible que dans les carburants. Ce n'est pas idéal sur le plan nutritif. Les fabricants transforment l'huile de palme certifiée durable et par le biais d'une chaîne d'approvisionnement traçable et transparente. Certes, la certification RSPO s'applique plantation par plantation. La réalité est souvent d'observer deux ou trois palmeraies servant de vitrine, mais, à côté de ça, de ne rien respecter dans les autres.

Nous sommes frappés de voir que plus de la moitié de la superficie utile de la Terre est dédiée à l'alimentation de l'être humain. Les possibilités de restreindre cette emprise existent : la réduction du gaspillage alimentaire permettrait de diviser les surfaces par deux. 40 % de la production est jetée. Cette réduction ferait gagner 20 % de ces superficies pour de la forêt, et augmenterait sa surface d'un tiers.

Il convient de ne pas déboiser la forêt tropicale pour créer des pâturages. Devons-nous pour autant diminuer l'étendue des prairies, accusées d'accaparer trop d'espace ? La production de viande ne résulte pas d'un choix. Sur les 5 milliards d'hectares de surface agricole utile, 3,5 milliards ne peuvent fournir que du fourrage pour des animaux ruminants. Et nous n'y pouvons rien. Nous n'avons pas les moyens d'aplatir les montagnes, d'irriguer les steppes arides qui recouvrent un quart des terres émergées. À l'heure où nous nous demandons comment nourrir plus de huit milliards d'humains, se priver de cette source d'alimentation de qualité favorable à la biodiversité et contribuant à la séquestration du CO2 est inconcevable. C'est même mieux que de replanter des forêts dans nos régions tempérées. La solution c'est le pâturage tournant dynamique.

La viande permet de fournir des protéines tout au long de l'année en continu, alors que les graines donnent une seule production par an dans les climats tempérés. Sans parler de la biodiversité induite par les prairies, comparée à celle des champs de blé. Planter des céréales dans le Cantal ou l'Allier est voué à l'échec. Sans les éleveurs, pour entretenir la campagne, des engins mécaniques émettant encore plus d'émissions seraient appelés en renfort. Nous voyons aujourd'hui l'état de nos forêts non cultivées, car elles ne disposent pas d'accès pour évacuer le bois coupé.

La contribution au réchauffement par la consommation de viande doit être posée en analysant le déboisement de la forêt tropicale lié à son importation et celle du soja. La consommation de produits locaux ne participe pas au réchauffement. Nous observons un rapport 50 entre le réchauffement induit par la déforestation, et celui créé par l'ensemble de l'élevage sur la planète.

Pendant la période Covid, en 2020, Le Brésil a déboisé deux fois plus que l'année précédente, sans surveillance aérienne. Voilà une des explications sur la poursuite du réchauffement, alors que nos usines et nos voitures étaient arrêtées.

Le déboisement n'est pas souhaitable. Mais la végétalisation des villes ne représente pas la réponse adéquate. Une publication récente a montré que, parmi les sources globales de dioxyde de carbone dans les métropoles, une fraction provient des arbres en décomposition, des pelouses et d'autres végétaux urbains. La contribution reste modeste — à peu près un cinquième du CO2 mesuré apporté par l'environnement local — et varie selon les saisons. C'était plus que ce que les chercheurs avaient prévu et ce résultat souligne la complexité à suivre des émissions urbaines de carbone. Laissons les arbres dans la forêt tropicale. Rien ne sert de vouloir les supprimer et de les replanter dans nos villes. Leur capacité de refroidissement de notre globe s'avère très différente.

La promotion des biocarburants sans discrimination de nature représente une seconde menace. Les objectifs ambitieux fixés par l'Union européenne et les États-Unis dans ce domaine pourraient avoir pour effet à la fois d'accélérer la demande de terres cultivables, de stimuler les prix agricoles, et par conséquent d'augmenter la pression au défrichement. Par ailleurs, certains biodiesels et bioéthanols dits de seconde génération proviennent des ressources en bois. Leur faisabilité économique dépendra de la disponibilité de ces ressources.

Le GIEC se rend bien compte que ses simulations ne correspondent pas aux anomalies de températures créées par les villes et le déboisement. Alors il a conçu le forçage de l'eau par le CO_2 ! Un vieux truc de physicien quand la réalité ne colle pas au modèle : inventer une variable supplémentaire. Vous avez saisi que le CO_2 ne supprime pas l'évaporation du sol, mais c'est bien l'intervention directe de l'homme, le principal responsable, soit en éradiquant la forêt tropicale, soit en bétonnant les centres urbains.

Nous pourrions penser que le déboisement acquitte la taxe Carbone. Rien de tel. C'est l'impunité totale. Vous avez compris que nous demandons aux pauvres automobilistes de payer les émissions de CO_2, un faible contributeur au réchauffement de notre globe, en comparaison du défrichement de la planète, impliquée deux fois plus. En France, le gouvernement détaxe même l'utilisation des biocarburants, soi-disant écologiques. La théorie qu'ils diminuent la consommation d'énergie fossile s'avère une mauvaise idée pour le bilan radiatif.

En 1980 a commencé l'urbanisation massive de la Chine et de l'Inde. Nous avons raté le virage de la création de ces nouvelles villes et de l'occupation des superficies par l'agriculture. Trois siècles plus tôt, les habitants de l'île de Pâques ont poussé le raisonnement du déboisement jusqu'à abattre le dernier arbre. Ils ont perdu leur sol par érosion, la possibilité de fabriquer des pirogues, et une très grande civilisation.

Le réchauffement se produit-il uniformément sur l'ensemble du globe ?

L'analyse de trois sites, Hawaï, Beijing, Manaus, révèle des écarts respectifs de 0,5 °C, 1,9 °C, 1,5 °C, depuis 1960. Ils correspondent à des actions humaines différenciées : une faible intervention, un centre urbain étendu, la déforestation.

Figure 73. Les écarts de réchauffement relevés sur cinq territoires de la planète.

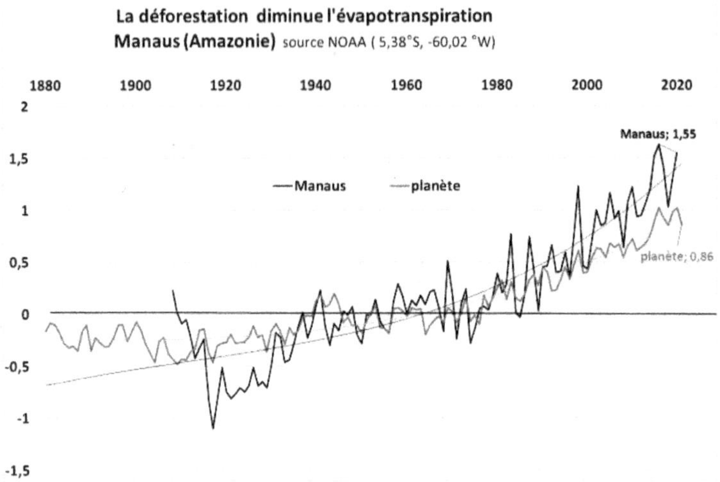
La déforestation diminue l'évapotranspiration
Manaus (Amazonie) source NOAA (5,38°S, -60,02 °W)
1880
1900
1920
1940
1960
1980
2000
2020
2
1,5
1
0,5
0
-0,5
-1
-1,5
Manaus; 1,55
—Manaus
—planète
planète; 0,86

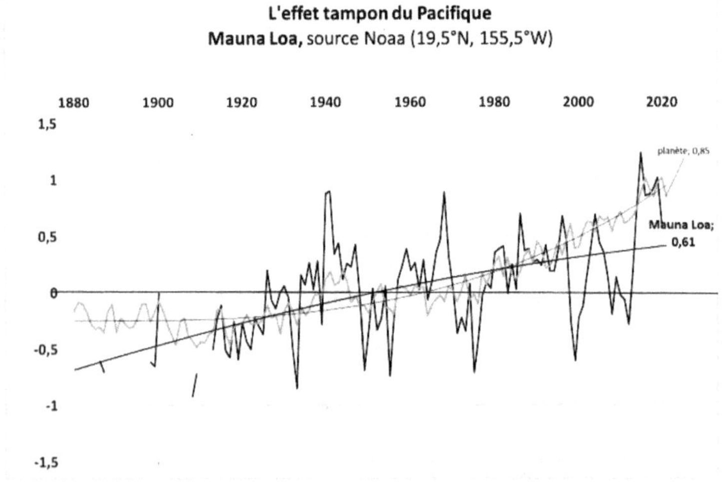
L'effet tampon du Pacifique
Mauna Loa, source Noaa (19,5°N, 155,5°W)
1880
1900
1920
1940
1960
1980
2000
2020
1,5
1
0,5
0
-0,5
-1
-1,5
planète; 0,85
Mauna Loa;
0,61

L'effet tampon du Pacifique Sud
Île de Pâques source Noaa (27°S, 109°W)

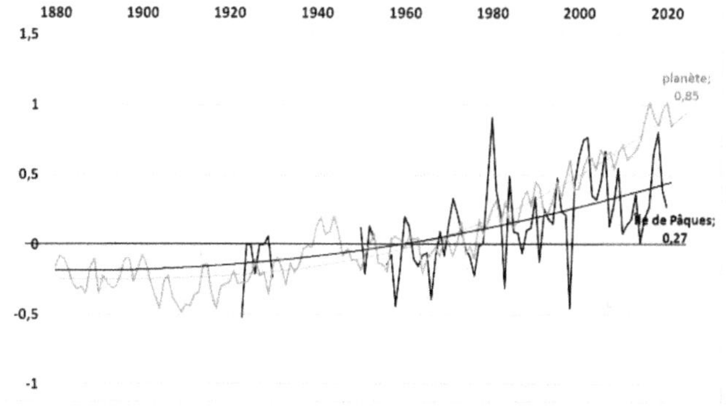

Les anomalies de température en Inde / Dehli ,
au même niveau que la planète source NOAA (28,6°N, 77,2°E)

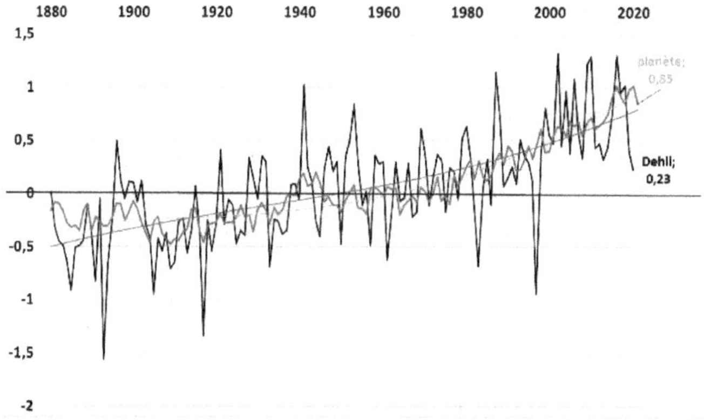

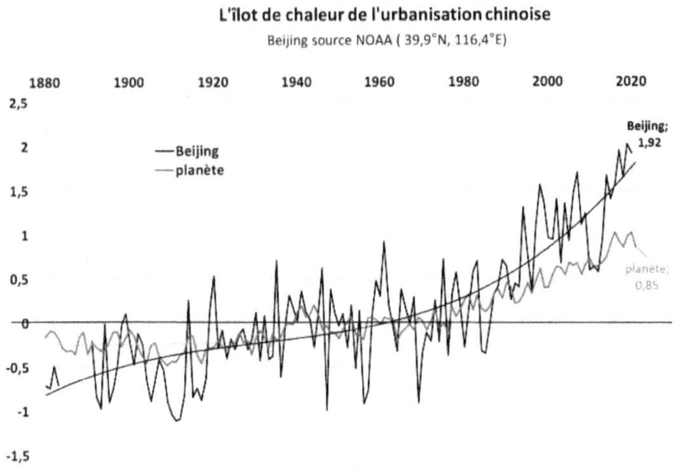

Les actions anthropiques établissent des perturbations sous différentes formes : gazeuse, liquide et solide. Les émissions de gaz se diluent uniformément sur toute la planète. Les actions non gazeuses réchauffent le sol localement. Les changements liés à l'évapotranspiration interviennent dans un rayon d'une centaine de kilomètres. La modification de nature des surfaces urbaines crée une hausse concentrée de température, hausse qui se délaie ensuite dans l'océan, par écoulement pluvial. Voilà pourquoi nous notons un réchauffement plus important en Amazonie et dans les îlots de chaleur des grandes villes.

Nous avons vu que la chaleur se transmet facilement du sol vers l'atmosphère. Mais très difficilement dans le sens inverse. D'ailleurs, personne ne chauffe l'eau de sa baignoire avec un sèche-cheveux.

Attribuer le réchauffement de la Terre à la seule influence des gaz à effet de serre, est en contradiction à l'observation élémentaire. L'augmentation de la température relevée dans l'océan Pacifique se présente très en dessous de la moyenne de la planète de 0,9 °C. Certes, les émissions gazeuses uniformément diluées séparément dans les deux hémisphères apportent leurs contributions, mais juste à hauteur de 0,3 °C. Le brassage de ces gaz dans l'atmosphère ne justifie pas l'ampleur des écarts mesurés sur les différents sites. Les perturbations liquides ou solides se répandent de manière moins homogène et plus lentement. Petit caillou dans la chaussure des ennemis du CO2 : la température au pôle Sud n'a pas augmenté depuis 60 ans. Aucun réchauffement n'est perceptible. Pourtant cette région est soumise au même taux de CO2 que tout l'hémisphère sud. Ce dernier a grimpé de 30 %.

En revanche, la moyenne planétaire incorpore l'ensemble des sources du réchauffement. Ces informations semblent cohérentes avec les lois de la physique. Le rôle du CO2 s'efface devant la déforestation, et l'urbanisation. Le rapprochement des mesures et des calculs nous démontre que le CO2 pèse moins d'un tiers dans le réchauffement. Pour lutter contre, il est indispensable de s'attaquer aux principaux facteurs, le défrichement sauvage et la construction anarchique à base de matériaux inappropriés.

Notons que les pays créateurs d'une bulle de chaleur conservent une grande partie dudit réchauffement, chez eux localement. Que ce soit par leurs centres urbains ou par le déboisement. Seul le CO2 se répand instantanément sur le globe. La notion de température moyenne de la planète trouble le raisonnement. La température de l'île de Pâques n'a grimpé que de 0,27 °C depuis 60 ans. Hawaï de 0,4 °C. Et l'Antarctique de 0,3 °C. Les perturbateurs du climat doivent prendre les bonnes dispositions chez eux, sur la perméabilisation de leurs sols, et la déforestation.

En résumé : les caractéristiques du sol jouent un rôle primordial par leur couleur visible et infrarouge, leur capacité de vaporiser de l'eau pour se refroidir. Réflexion, émission, évaporation. Les composants mineurs de l'atmosphère agissent modérément sur le réchauffement. Un consensus existe sur les méfaits du déboisement. Mais pour une raison que je comprends mal, personne n'essaie de le chiffrer. Ce que j'expose dans cet ouvrage : hiérarchiser l'impact des facteurs du plus fort au plus faible. Par ailleurs, aucune décision concrète n'est entreprise, faute d'avoir expliqué l'ampleur des dégâts.

L'activité humaine réduit les surfaces et la hauteur des échanges thermiques. D'où les phénomènes climatiques plus violents.

Chapitre 12

Quelle transition climatique ?

Hiérarchisation des causes suivant leur impact.

Pour lutter contre le réchauffement climatique d'un point de vue scientifique, identifier les facteurs à l'incidence la plus puissante ou ceux à la portée plus restreinte semble indispensable et urgent. La typologie opérée par les politiques se révèle évidemment différente. Elle néglige la répercussion de la déforestation et de l'urbanisation.

Notre planète est vivante. Nous ne pouvons pas la réduire à la somme de ses composantes. Les causes s'emboîtent les unes dans les autres. L'hyperspécialisation des experts empêche de la voir dans son ensemble.

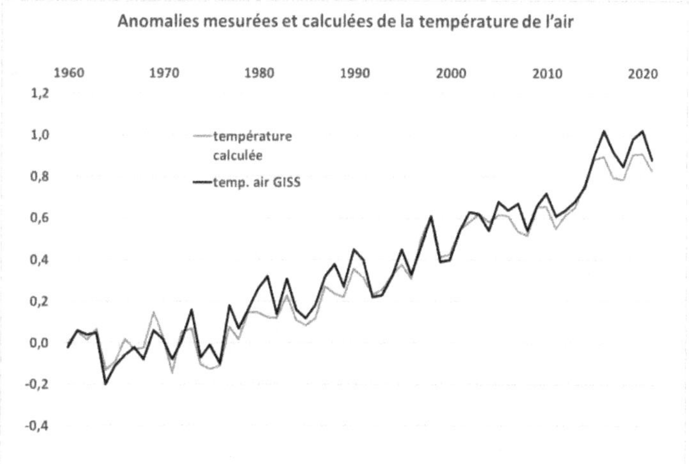

Figure 74. Anomalies mesurées de la température de l'air, comparées à celles calculées, depuis 1960.

Nous devons rejoindre une approche holistique du vivant, et envisager les sciences de la vie dans leur totalité et dans les interactions de leurs éléments. Si nous agrégeons les fluctuations de température par variable, décrites dans les chapitres précédents, nous obtenons un rapport, plutôt exact, des 60 dernières années.

La modélisation présentée ici colle à la vérité terrain publiée chaque année ; elle révèle une corrélation de 98 % ; les phénomènes physiques exprimés correspondent aux observations !

Nous ne cherchons pas à obtenir une précision importante dans une simulation, ou à prédire l'avenir. Donner les ordres de grandeur permet d'entamer un dialogue, et de hiérarchiser l'impact des facteurs. Ce que ne nous autorisent pas les boîtes noires des modèles implantés dans les ordinateurs et dont peu de personnes connaissent le contenu.

L'anomalie mesurée de 0,9° de l'air représente la fameuse « vérité terrain ». En revanche, les causes de cette augmentation de température résultent de calculs des phénomènes physiques. C'est la seule solution pour essayer de prédire l'évolution du réchauffement.

Les principaux responsables du réchauffement

L'objectif consiste à passer au crible les variables à impact déterminant et à négliger celles sans incidence sur le réchauffement, afin de mettre en valeur les priorités sur lesquelles nous devons agir.

L'augmentation globale de température a pour principal facteur la déforestation, avant les gaz à effet de serre. La moitié lui est due. La baisse importante de l'évapotranspiration ne refroidit plus l'atmosphère ; le surplus de chaleur est transmis aux sols et aux océans. Ces derniers l'absorbent en deux ans, puis stockent cet excédent pendant des dizaines d'années.

Le déboisement premier responsable… nous pourrions penser que c'est une bonne nouvelle. Arrêtons immédiatement ces coupes sauvages et le réchauffement s'atténue. Mais les pays concernés ne l'acceptent pas. Surtout s'ils ont signé les accords de Paris, où la déforestation n'est pas mentionnée. Les états occidentaux ne veulent pas changer leurs habitudes alimentaires, ou leur agriculture. Ils devraient alors payer le ravitaillement beaucoup plus cher… donc l'humanité poursuit le défrichement, jusqu'à plus d'arbres.

Depuis 1960, le CO2 a contribué à 0,21 °C de hausse de température. Si nous réduisons les émissions anthropiques de CO2 à zéro, l'effet de serre continuera à fonctionner, en diminuant sa concentration de seulement 2,5 % par an. Autant dire : rien. La température de la surface des océans descendra plus vite sous l'effet de l'enfouissement de la chaleur dans les profondeurs, à condition que d'autres causes, comme le méthane, ne se renforcent pas. Un quart de l'anomalie de température est enterré chaque année, peu importe son origine.

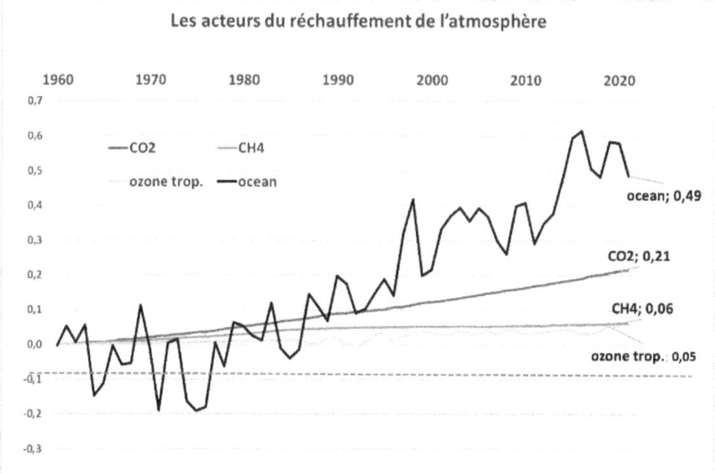

Figure 75. Les composantes du réchauffement de l'atmosphère, mesurées depuis 1960.

Ce dernier dépend des fluctuations des océans. L'impact des années passées, perceptibles à la surface de la mer, compte pour les deux tiers du réchauffement global.

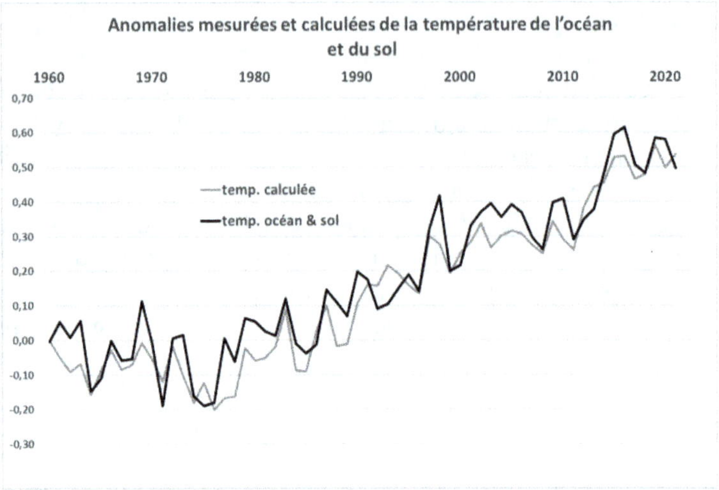

Figure 76. Anomalies mesurées et calculées de la température de l'océan mondial et du sol.

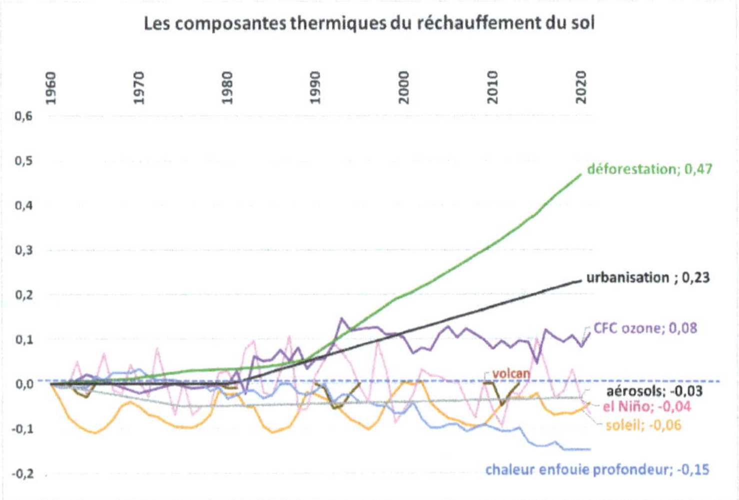

Figure 77. Les composantes thermiques du réchauffement du sol depuis 1960.

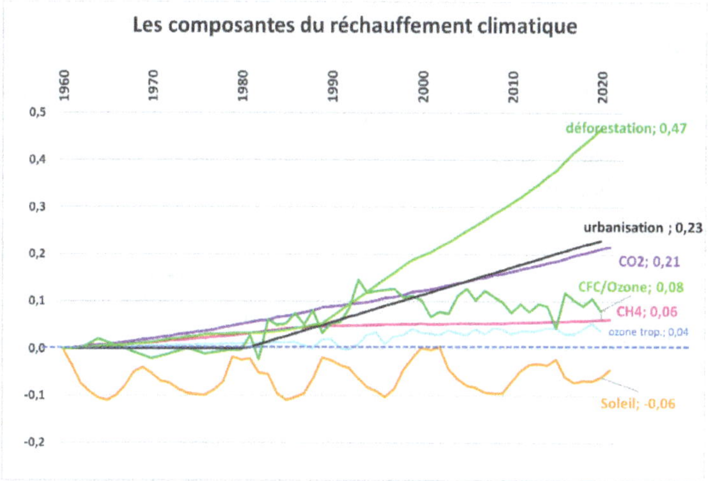

Figure 78. Les composantes du réchauffement climatique.

Certaines variables, comme les gaz à effet de serre ou le soleil, présentent des cycles réguliers que nous pouvons donc anticiper. D'autres affichent des périodes que nous comprenons moins bien.

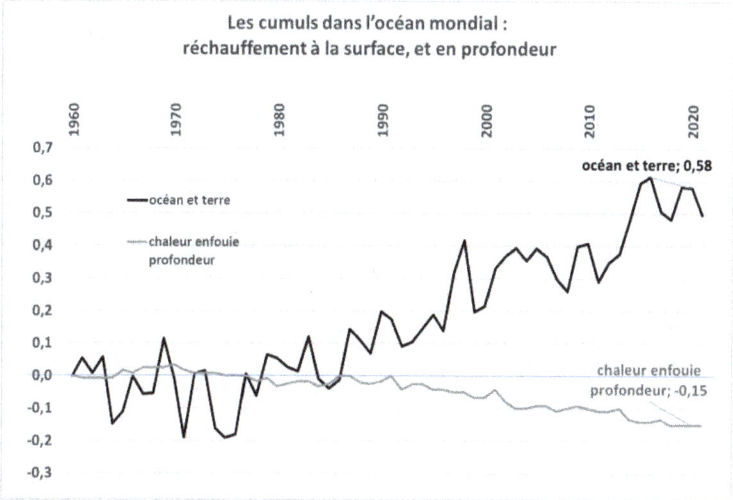

Figure 79. Réchauffement de surface de l'océan mondial et enfouissement en profondeur.

Les mêmes variables peuvent montrer simultanément une répétition saisonnière et une tendance à long terme. Le premier est un phénomène naturel. Le second possède souvent une origine anthropique. Cette séparation des causes dépend du pas de mesure sélectionné.

Pour résumer, nous observons simultanément des cycles et une hausse à long terme.

Variables	Cycle annuel	Long terme
Déforestation	Sans	Hausse
Urbanisation	Sans	Forte hausse
CO2	variabilité annuelle > augmentation annuelle	Hausse
Méthane	Annuel	Hausse
Soleil	11 ans	Baisse
Ozone stratosphérique	Annuel	Hausse suivie d'une baisse
Ozone troposphérique	Sans	Hausse
Océan	El Niño 11 ans, AMO 60 ans	Hausse
Arctique	60 ans	Hausse

Quel avenir pour notre planète ?

La variable essentielle est la capacité des hommes à arrêter la déforestation tropicale dans les dix ans à venir. Nous devrions l'afficher comme la priorité absolue.

Le montant des émissions de CO2 est écrit pour les 20 prochaines années. L'humanité ne peut pas remplacer du jour au lendemain toutes ses sources d'énergie, ou ses modes alimentaires. L'augmentation de la température est donc aussi tracée.

Le niveau de vie des pays occidentaux, relativement substantiel et confortable, depuis deux siècles est lié aux possibilités offertes par une énergie à bas coût. Les carburants fossiles nous permettent de réaliser beaucoup de tâches à un prix plus faible, que si elles étaient effectuées par la seule main de l'homme. L'esclavage a disparu grâce à l'efficacité de la machine. À l'aide de la mécanisation, nous obtenons un PIB mondial, 200 fois plus élevé, 500 fois plus en Occident qu'il y a deux cents ans.

Si nous savions développer une civilisation au moyen de l'éolien et du solaire, pourquoi avons-nous eu besoin d'extraire du pétrole ? Autrefois, les énergies renouvelables dominaient le monde. Le pétrole coûte 10 fois moins cher que l'éolien. Créer de l'éolien à quatre centimes à une grande échelle est hors de notre portée.

La meilleure protection du climat réside-t-elle dans la réduction des consommations ou dans celle des émissions de gaz à effet de serre ? L'énergie anthropique augmente très modérément la température de la Terre : 0,01 °C. Les énergies fossiles charbon, pétrole et gaz naturel en sont responsables. Des substituts aux sources fossiles existent : les énergies renouvelables, la récupération de chaleur, le nucléaire. Ne pas le différencier produit des effets pervers.

En étudiant les prévisions de l'Agence internationale de l'énergie, nous anticipons les consommations des 30 prochaines années.

Les énergies renouvelables verront leur part s'accroître. Mais les carburants fossiles continueront d'augmenter légèrement, à cause des pays en développement et dans 30 ans elles représenteront toujours les trois quarts de la consommation mondiale.

Le dégagement en CO2 dépend du type d'énergie. Quelle source utiliser ?

C'est la question centrale. La planète est remplie de carbone. Notre corps est constitué de carbone. Nous ne savons pas stocker l'énergie. Les énergies renouvelables ne peuvent pas apporter la solution.

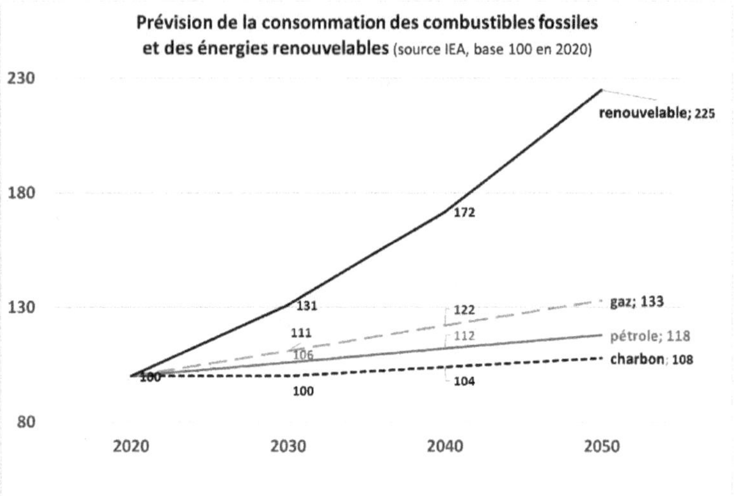

Figure 80. Augmentation de la consommation mondiale des énergies dans les 30 prochaines années.

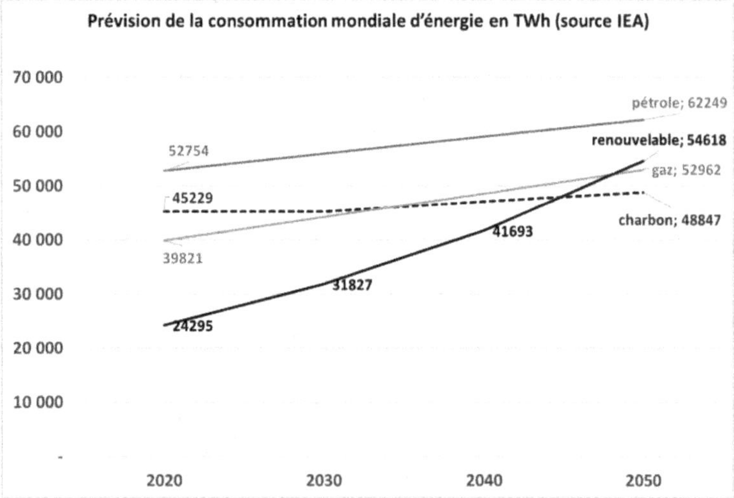

Figure 81. Prévision de la consommation mondiale d'énergie en TWh, dans les 30 prochaines années.

L'Allemagne n'a pas réussi à supprimer le nucléaire et le remplacer par des énergies renouvelables. Depuis 10 ans, elle a moins réduit ses émissions de CO_2 que les États-Unis ou la France alors qu'elle communique sur une part importante de son mix énergétique en énergie renouvelable. Les pays les moins émetteurs ont choisi le nucléaire et l'énergie hydroélectrique.

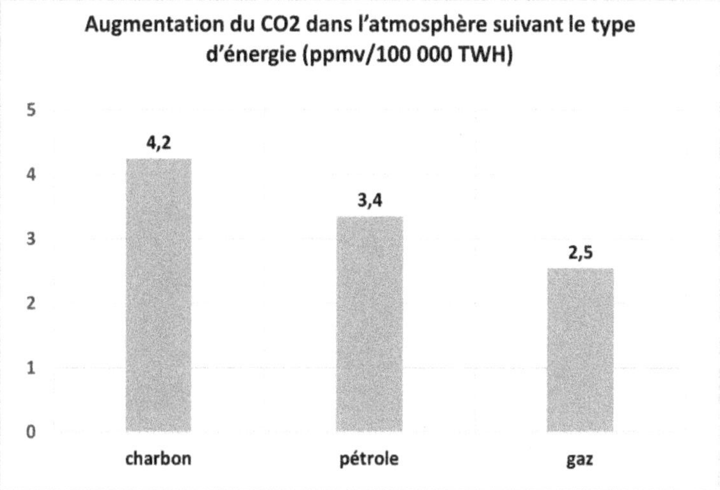

Figure 82. Contribution au taux de CO2 dans l'atmosphère suivant le type d'énergie.

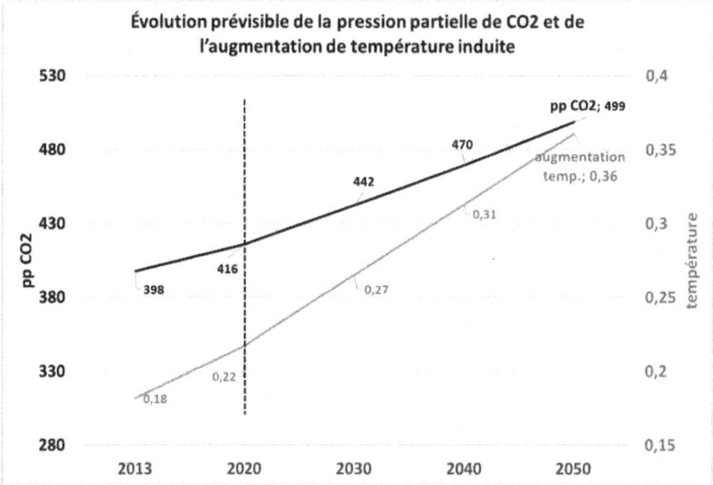

Figure 83. Le CO2 à 469 ppm dans 20 ans contribuera à un réchauffement de 0,09 °C supplémentaire.

Par rapport à celui anticipé en 2050, des variations naturelles ne peuvent être exclues : des fluctuations peu prévisibles, dues au soleil ou aux mécanismes perceptibles aujourd'hui en Arctique.

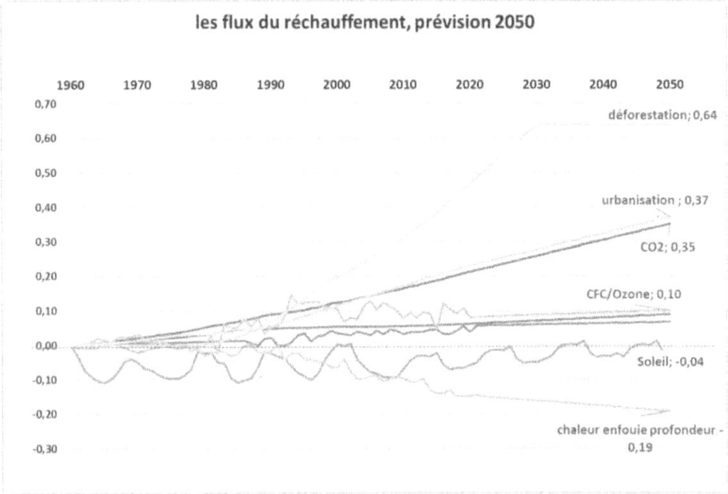

Figure 84. Prévision du réchauffement en 2050, en arrêtant la déforestation tropicale dans les dix prochaines années.

L'augmentation de l'anomalie s'incurve légèrement, grâce à l'enfouissement de la chaleur, dans les océans et une période solaire probablement moins puissante les vingt années à venir.

L'air réagit rapidement en 90 jours au maximum. Il est chauffé par les gaz à effet de serre et surtout par les océans. Les fluctuations de l'éclairement solaire liées à l'activité solaire elle-même, à la présence de l'ozone, ou encore à celle des aérosols modifient la température de surface de l'océan. Nous observons un effet tampon très important dans l'océan. Le temps de réaction se mesure donc en années. Les divergences entre les deux milieux entraînent des oscillations de température.

Pour baisser les émissions mondiales de CO2 de 20 %, nous devrions supprimer la totalité de l'usage du charbon et le remplacer par le gaz. Cet effort considérable compte tenu de la croissance des pays en développement, diminuerait la hausse de la température de seulement 0,03 °C. C'est-à-dire aucune incidence visible. L'inertie des mers reste trop intense. Nous avons bien observé début 2020, lors de l'arrêt de l'activité manufacturière, l'absence de tout effet mesurable.

Que le CO2 baisse, l'impact sera très réduit à cause de la lourdeur des océans. Que le CO2 monte l'anomalie sera un petit peu plus fort, mais très loin des 2 °C ou plus annoncé par le GIEC.

L'humanité ne veut pas retourner à l'âge des cavernes. Que convient-il de décider alors ?

Prendre de bonnes mesures pour limiter les dégâts. Mais nos actions ne montreront une répercussion qu'à partir de 2050, vu les inerties observables dans toute la chaîne. Intervenons sur les sources majeures parfaitement identifiées à ce jour.

Les émissions françaises de gaz à effet de serre pèsent moins de 1 % dans le monde. Est-ce aux Français à déployer des efforts supplémentaires, alors qu'ils présentent un taux deux fois moins fort que l'Allemagne, ou bien doivent-ils exercer des pressions sur les pays émetteurs les plus importants ?

La consommation planétaire de 100 000 TWh contribue chaque année à augmenter la concentration de CO2 de 2,5 ppm. Seuls le nucléaire et les énergies renouvelables intermittentes n'y participent pas.

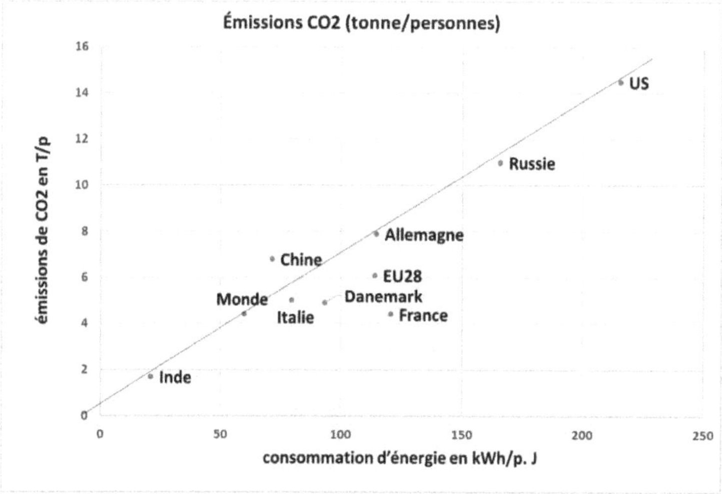

Figure 85. Les émissions de CO2 par pays et par habitant.

L'accord de Montréal sur les CFC et le protocole sur le *Clean Air Act* ont représenté des succès incontestables. L'accord de Paris sur le CO2 ne peut pas parvenir au même succès, faute d'avoir défini une diplomatie pour forcer les états très pollueurs à prendre les bonnes mesures. Les négociateurs n'en ont pas décidé ainsi. Ils ont refusé de décliner, de manière contraignante, des réductions de CO2 à opérer pour obtenir les objectifs. Et surtout l'arrêt de la déforestation et du méthane.

La Chine et l'Inde très dépendantes du charbon ne baisseront pas leurs émissions. Ces deux pays imposent la tendance mondiale, du fait de l'ampleur de leur population.

Dans les 20 ans à venir, la température de la Terre montera de 0,4 °C supplémentaire et non pas de plusieurs degrés, comme veut le faire croire le GIEC.

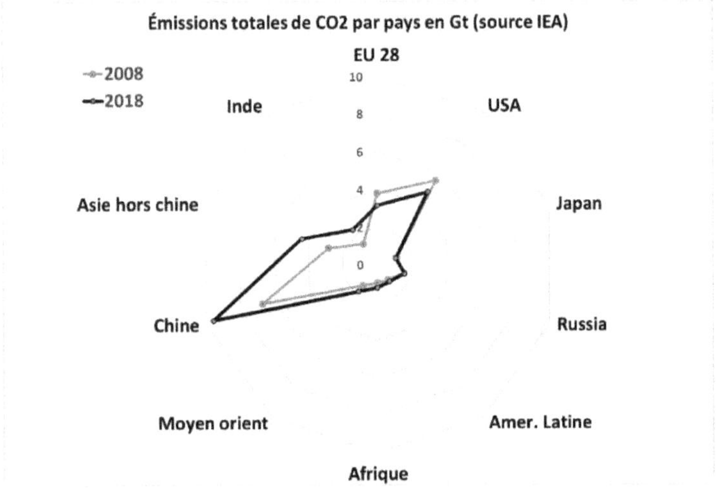

Figure 86. L'évolution depuis 10 ans des émissions de CO2 par pays.

Est-ce crucial ? Nous ne savons pas. Pourquoi l'état mondial observé en 1850, à la fin de la petite ère glaciaire, avec une concentration de CO2 de 280 ppm représenterait-il un climat naturel optimal pour l'environnement, la santé et la nutrition ?

Peu importe les décisions prises sur le CO2, son abondance dans l'atmosphère ne diminuera pas ; le taux d'origine anthropique s'élève à 6 % seulement. L'intervention du CO2 d'origine humaine reste faible face aux émissions naturelles. 94 % sont dues au cycle des océans et de la végétation. Les mers sont des puits de carbone ; elles en contiennent 50 fois plus que l'air

La décision pour diminuer le réchauffement climatique doit porter sur le méthane : la hausse de sa concentration s'affiche constante et rapide. Ce gaz bloque les rayonnements infrarouges de façon autrement plus efficace que le CO2. Le remplacement des énergies traditionnelles par le gaz naturel peut devenir une catastrophe.

Limitons les fuites engendrées par l'utilisation de ce gaz. Par satellite, nous identifions les sources et aucune action n'est prise. Citons le bassin Sichuan dans le sud-ouest de la Chine, record absolu des émissions. De façon plus inattendue, le bassin de San Juan situé à la jonction des quatre États américains dégage à lui tout seul 0,59 million de tonnes/an, soit plus que l'ensemble du Royaume-Uni. Pour lutter, ce n'est pas si compliqué : **supprimons les dix lieux, parfaitement identifiés, les plus émetteurs dans le monde… pour voir un effet sur la température de la Terre** !

Les alarmistes manipulent la peur

Faute de prendre les bonnes décisions, les politiques manipulent la peur. Devons-nous croire les alarmistes ? La vision apocalyptique d'un certain nombre est-elle justifiée ?

En 1931, 3,7 millions de personnes sont décédées à la suite de désastres naturels. En 2018, une population quatre fois plus importante a enregistré « seulement » 11 000 disparitions.

Depuis 1960, la production agricole a augmenté de 100 %. Pourtant les modèles du GIEC prédisent une décroissance de 6 % par degré d'échauffement. Les tracteurs et l'irrigation compensent le changement climatique.

Le péché originel du réchauffement réside dans l'industrialisation. D'où le choix de 1880 par le GIEC, comme date de référence pour mesurer le réchauffement, tout en sachant que beaucoup de sites géographiques ne possédaient aucun relevé de température à cette période ; leur prise en compte induit une très forte incertitude sur les données planétaires antérieures à 1920. C'est la raison pour laquelle je préfère utiliser la référence sélectionnée par la NOAA et le centre britannique Hadley, la référence de 1960 de 0,2 °C plus élevé, mais entaché de moins d'incertitudes.

Les alarmistes réduisent le futur au climat. Comme si rien d'autre ne pouvait arriver. Comme si la croissance économique, le développement technologique, l'adaptation aux mutations ne pouvaient intervenir. En oubliant tous les bienfaits que le changement climatique pourrait apporter.

Son impact négatif pourrait se révéler bien inférieur comparé au développement économique.

Les dispositions dictées par la peur s'avèrent contre-productives. La COP 26 voulait prendre des mesures pour bloquer le financement de nouvelles mines de charbon. Les entreprises qui souhaitaient arrêter l'extraction, prolongent la durée de vie des houillères et augmentent leur production. L'Inde brûle désormais plus de charbon que l'Europe et les États-Unis réunis. Les mineurs parient sur une demande croissante au cours de la prochaine décennie de la part des pays comme le Vietnam, le Bangladesh, l'Indonésie, malgré les problèmes de pollution.

Allons-nous assister à 200 millions de réfugiés climatiques ? La plupart évoluent de manière temporaire ; ils retournent à leur lieu de départ après un cyclone. Les satellites météorologiques ont permis de sauver des centaines de milliers de vies humaines. Ils ont averti les populations avant l'arrivée des tornades.

Le cas de l'île de Tuvalu (11 000 habitants), située au mieux du Pacifique, devient emblématique. Le Premier ministre présente son discours à l'attention de la COP 26, les pieds dans l'eau, pour attirer l'attention des médias. Peu de gens savent que le point culminant de cet État s'élève à 4 m de haut ! Depuis au moins 500 ans, l'atoll a toujours subi les fluctuations de la hauteur de la mer, consécutives au phénomène naturel El Niño. La hausse moyenne du niveau des eaux ne dépasse pas 5 mm/an. Les photos aériennes des neuf îlots démontrent une augmentation de la superficie de 3 % depuis 40 ans. Ces îles géologiquement dynamiques changent de forme, sans disparaître sous les eaux.

Les médias veulent faire peur aux citoyens. Par exemple en mentionnant une ville de l'Arctique où une température de 38 °C en juin 2021 a été relevée, ils ignorent que l'Arctique reçoit plus de rayonnement solaire que le tropique ce mois-là. Dans la région de l'Arctique, le soleil monte à 23° au-dessus de l'horizon pendant les 24 heures, plusieurs semaines de suite. L'éclairement journalier s'élève en moyenne à 0,4 fois l'éclairement de référence. Au tropique, le soleil passe à la verticale ; sa trajectoire ne s'observe que 12 heures. En moyenne sur 24 heures, l'éclairement solaire y apparaît moindre, à 0,3 fois l'éclairement de référence. Aussi bizarre que cela puisse paraître, par ciel clair, les jours de solstice, le flux atteignant une surface horizontale dans l'Arctique dépasse celui reçu au tropique.

Pas étonnant que la ville de Verkhoïansk ait relevé une température de 38 °C, si le vent et la couverture nuageuse restent faibles. Cette hausse ne résulte en rien du réchauffement climatique, et encore moins du CO2. En hiver dans le noir absolu, le froid apparaît évidemment beaucoup plus conséquent !

Autre exemple : au pôle Sud, le détachement d'un glacier à Thwaites est constaté avec la même volonté de faire peur aux populations. Les médias imaginent que la totalité du glacier viendrait à fondre, et évoquent une élévation des mers de 65 cm. La cause n'est nullement due au réchauffement climatique. Un volcan en activité est localisé en dessous. Sa chaleur fait fondre une partie de la banquise située au-dessus. Le volcan n'est évidemment pas mentionné.

Les inondations ou la sécheresse vont-elles augmenter ? Aucune statistique ne montre un tel phénomène dans les années passées. Les terres sèches deviennent plus arides et les terres humides deviennent plus mouillées pour 15 % d'entre elles. Mais 7 % des terres ont démontré le phénomène inverse.

L'histoire témoigne que les réchauffements observés de quelques degrés Celsius, escortés de saisons de culture plus longues enrichissaient l'humanité. L'âge d'or des civilisations romaine, aztèque (Teotihuacan), khmère (Angkor) est intervenu pendant des périodes chaudes. A contrario, les époques froides ont été accompagnées de famines et d'épidémies.

Les vagues de chaleur résultent du réchauffement, mais nous devons admettre que le froid provoque 17 fois plus de victimes que le chaud. Le froid en aspirant l'humidité de l'air a failli avoir raison de la présence humaine sur Terre, 150 000 ans avant notre ère. Très peu ont survécu.
Au sujet de la biodiversité, assistons-nous à une diminution du nombre d'espèces depuis 1900 ? La question reste complexe d'autant que l'extinction des espèces dépend plus de l'utilisation des sols que du réchauffement.

Même la Californie reconnaît que les feux de forêt sont plus liés à l'absence d'entretien qu'au réchauffement. « Si nous voulons réduire la fréquence et le caractère destructeur des incendies, nous devons éliminer les combustibles de nos forêts (bois mort.) », déclarent les principaux responsables. Au lieu de terrifier les citoyens sur leur émission de CO_2, il conviendrait d'enseigner les gestes vertueux pour la planète : éteindre les lumières inutiles, finir les plats servis dans les cantines scolaires, ramasser le bois mort dans les forêts…

Depuis 2,7 millions d'années, les hominidés ont démontré une adaptation aux fluctuations naturelles rythmant la vie de notre globe. Ils se sont acclimatés à des températures de la planète inférieures de 10 °C ou supérieures de 2 °C à celles d'aujourd'hui. Le réchauffement climatique postglaciaire, à l'origine de la fusion des glaces, s'est révélé relativement rapide. La Terre a subi un changement d'inclinaison de l'axe sur son orbite 14 000 av. J.-C. ; la température marquait 10 °C de moins qu'actuellement. Une variation d'un degré de l'inclinaison a altéré l'ensoleillement au pôle Nord, et donc donné la possibilité aux glaces de fondre pendant l'été. Un phénomène purement astronomique, donc naturel.

La première intervention humaine de modification des sols remonte à 6 000 ans av. J.-C., avec le début de l'agriculture au néolithique. À cette époque et, la population stable depuis 50 000 ans, de 6 millions d'habitants, a commencé à augmenter, pour atteindre en ligne droite 7,7 milliards aujourd'hui. La démographie a explosé grâce à un ensoleillement correct, l'abondance de l'eau liquide, et un CO_2 propice aux récoltes. Une température élevée reste plus favorable à l'humanité qu'une phase glaciaire, même modérée, comme la petite ère glaciaire en 1 600.

La teneur en CO_2 pendant les cycles glaciaires a résulté des variations de température. Par quel autre mécanisme physique, le CO_2 aurait-il pu réchauffer l'atmosphère de manière aussi rapide et constante ? Les changements des périodes glaciaires correspondaient à des fluctuations locales de l'énergie solaire de 100 W/m2 au niveau du sol, très supérieur au 1 W/m2 engendré par le CO_2 aujourd'hui dans l'air. Variations cent fois plus élevées, réparties sur un tiers de la surface de la planète. Pour réchauffer une planète hémiplégique, de l'hémisphère nord, sans signes de vie de la part de la vapeur d'eau et du CO_2, beaucoup d'énergie semble nécessaire. En phase glaciaire, l'hémisphère nord, couvert de glace réfléchit deux fois plus de lumière solaire ; l'atmosphère contient moins de vapeur d'eau et se contracte. Une partie du CO_2 est transformée en neige carbonique. L'air laisse donc s'échapper la totalité du peu de rayonnement infrarouge renvoyé par le sol. Les fluctuations de température deviennent importantes. Le CO_2 des volcans, seuls acteurs à l'œuvre, représente le rôle de thermostat dans l'hémisphère sud. Mais un thermorégulateur n'a jamais remplacé une chaudière.

Les phénomènes en jeu ne ressemblaient pas à ceux d'aujourd'hui. Pourtant les alarmistes se sont emparés du sujet des périodes glaciaires. Ils créent l'amalgame entre les fluctuations de température de 10 °C, accompagnées de celles du CO_2 de 200 à 280 ppm et de la baisse du niveau des mers de 120 m par rapport au niveau actuel.

Une élévation de température de 1 °C en un siècle ne présente rien d'étonnant, en elle-même. À l'opposé des précédentes hausses purement naturelles, celle produite par l'homme aujourd'hui paraît peu souhaitable. Mais il convient de la replacer dans un contexte plus général. La température 5 000 ans av. J.-C. ne dépassait-elle pas de 2 °C les températures actuelles ? Où réside l'urgence climatique ? La

Terre est vivante, et l'homme a toujours su s'adapter. Est-il justifié de caractériser le changement climatique dans des termes de crise, de situation d'urgence, de catastrophe ou de défi existentiel ? Nous devons le décrire comme un défi éducatif, et un problème. Ou alors, précisons quelles composantes climatiques peuvent imposer la chute des civilisations ou la mortalité de millions de personnes.

Cessons d'angoisser nos jeunes, faute d'une vision et d'une stratégie claire. Donnons-leur l'espoir de réussir la transition climatique, d'obtenir des résultats rapides. Apprenons-leur les cinq gestes vertueux pour sauver la planète :

- Stopper immédiatement les importations de soja brésilien,
- Arrêter d'incorporer de l'huile de palme dans les carburants.
- Colmater les fuites de méthane sur les gazoducs.
- Renoncer à imperméabiliser les sols.
- Remplacer les tôles ondulées par des matériaux émetteurs de chaleur.

Compte tenu des priorités pour réduire le réchauffement, il convient de ne pas s'engager dans la neutralité carbone, consommatrice inutile de ressources financières pour des résultats minimes et incertains. En revanche, donner la priorité aux pompes à chaleur s'avère particulièrement efficace pour limiter les consommations.

Les mesures du réchauffement climatique révèlent une anomalie de température de 0,9 °C depuis 1960. Citons les principales causes : la déforestation pour 0,46 °C, l'urbanisation pour 0,23 °C, le CO2 pour 0,21 °C et 0,15 °C enfouis dans les océans. Le réchauffement va grimper à 1,5 °C en 2050, si nous prenons des mesures pour arrêter le déboisement. La hausse atteindra 1,7 °C, en l'absence de toute action.

Chapitre 13

Quelle transition énergétique ?

L'efficience énergétique, la sécurité énergétique, les options, les transports

La transition énergétique ne peut se réaliser uniquement en fonction de la source émettant le moins de CO2. D'autres critères dictent les choix : l'investissement, la disponibilité adaptée à une consommation fluctuante, la sécurité d'approvisionnement, le stockage et l'acheminement au lieu d'utilisation. L'électricité et les transports représentent les deux principaux secteurs d'émission de CO2 dans le monde, respectivement 42 % et 25 %. Les transports jouent un rôle particulier : leur mobilité, leur autonomie imposent des contraintes spécifiques de volume et de masse.

Le pétrole

Le pétrole a joué un rôle de premier plan dans notre développement industriel. Il se révèle sans équivalents : c'est surtout le champion toutes catégories du stockage et de la facilité d'acheminement. Le moteur à combustion représente de très loin la meilleure performance distance parcourue rapportée au volume de l'énergie embarquée : 6 litres aux 100 km (5 kg). Comparons-le aux batteries des voitures électriques, 15 fois plus lourdes, pour obtenir la même performance. Le pétrole incarne aussi une importance particulière dans les matières premières, par les volumes et les montants traités. Il constitue 80 % des substances énergétiques importées. Il joue un rôle fondamental dans le développement des pays. Dans les années 2000, le prix du pétrole encore très faible contribua comme un facteur essentiel de la croissance économique, pour la plupart des nations du monde. Cette époque semble révolue. La hausse continue des cours depuis vingt ans, correspond à un troisième choc pétrolier réel, mais non clairement déclaré comme tel, accompagné de conséquences économiques et sociales, un peu partout sur la planète. Nous l'avons observé lors de la crise des Gilets jaunes.

Les réserves mondiales ne dépassent pas 40 ans et la demande explose, en fonction de l'augmentation du PIB des pays émergents. Cette demande présente une très grande inertie. Les transports ne peuvent se passer de lui. De plus, les filières industrielles se caractérisent par une très longue durée : 26 ans pour une voiture. Après 12 ans en Europe, nos automobiles retrouvent une deuxième vie de 14 ans en Afrique.

Le pétrole reste l'unique source d'énergie, facilement exportable. Le gaz impose beaucoup plus de contraintes : gazoduc ou liquéfaction. Le prix des carburants pétroliers continuera inévitablement de croître. En supposant une consommation constante, nous devons extraire 45 millions de barils, pour compenser l'épuisement des gisements actuels, dans les 25 prochaines années. Pour six barils consommés, un seul est découvert.

Les nouveaux forages pétroliers demandent un investissement en augmentation régulière. Ils ne rapportent plus que 10 fois l'énergie utilisée pour leur extraction ; c'était 30 fois pour les anciens gisements. Quant aux schistes bitumineux, leur efficience se chiffre à 5 fois ; de plus, leur extraction dégage une pollution excessive.

L'efficience énergétique

Pour orienter les choix, introduisons une notion clé : l'efficience énergétique, l'énergie restituée ramenée à l'énergie requise pour l'extraction. La pureté de la ressource après raffinage ou la distance entre son lieu d'extraction et sa zone de consommation a une incidence sur le retour énergétique.

Pour obtenir un financement de l'extraction par le privé, le développement d'un mode d'énergie en occident requiert un taux de l'efficience énergétique de trois. En dessous, l'économie ne peut plus croître, elle ne dégage plus de ressources pour entreprendre des activités non essentielles comme les voyages, la tonte ou l'arrosage de la pelouse. La fin du pétrole va arriver, non pas par la raréfaction de la ressource, encore importante, mais par l'impossibilité de l'extraire à un rendement énergétique utile. Au début du siècle dernier, 1 % de l'énergie contenue dans le pétrole devait être réinvestie dans le processus de production pour maintenir l'approvisionnement en énergie. Les 99 % d'énergie pouvaient être utilisés dans la construction des routes, des réseaux électriques, téléphoniques, ferrés, au bénéfice de la croissance.

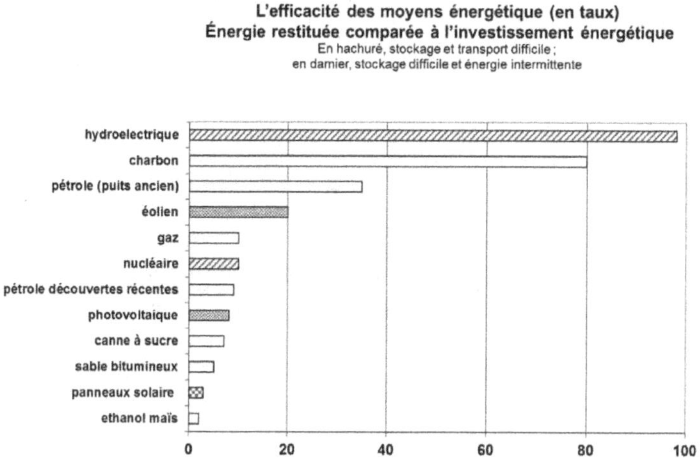

Figure 87. Estimation des efficiences des moyens énergétiques.

Ces chiffres permettent de mieux comprendre la formidable expansion du XXe siècle ; ils mettent en doute les projections actuelles de sa poursuite. L'extraction mondiale de brut conventionnel atteint un pic historique de 70 millions de barils de brut en 2006. Cette valeur est inévitablement appelée à décliner. Les variations de production subissent des phénomènes de cycle dont les périodes se succèdent. Croissance, hausse de la demande, production plus difficile, augmentation de cours, ralentissement de l'économie, diminution de la demande, chute des prix, relance de l'économie. L'Agence internationale de l'énergie ne voit pas de facteurs contraignants des réserves jusqu'en 2035. Le rendement énergétique offre une perspective différente : le taux est passé de 100 en 1930, à 30 en 1970, pour tomber à moins de 18 de nos jours. L'extraction de plus en plus difficile pourrait rendre l'exploitation inintéressante à moyen terme. La diminution de l'efficience énergétique du pétrole, mais aussi du charbon, laisse penser que la croissance de l'économie restera endémique pour un long moment.

Les énergies électriques renouvelables : une contribution locale, hors des heures de pointe

L'hydroélectricité et l'éolien appartiennent aux énergies renouvelables les plus intéressantes ; toutefois, la géographie du réseau hydrographique, et l'éloignement des sites disponibles limitent le développement de l'énergie hydroélectrique. La seconde produit un apport intermittent en fonction du vent. L'Allemagne utilise au maximum 30 % de la puissance prévue de son parc éolien installé.

L'éolien et le photovoltaïque semblent séduisants au premier abord. Mais tous les deux ne fonctionnent que par intermittence. Le stockage de l'énergie renouvelable, que ce soit l'éolien, ou le solaire n'est pas prêt et peu performant : pertes trop importantes sur les lignes à haute tension, batteries peu efficaces. L'investissement global des énergies intermittentes apparaît beaucoup plus onéreux, sauf pour l'éolien à terre. Mais personne n'en veut dans son jardin. Cette énergie irrégulière utilise du gaz en complément. Le coût complet devient très cher parce que nous devons financer deux investissements à fonctionnement discontinu. Les Européens découvrent aujourd'hui le désastre financier de tels montages en Espagne et au Danemark. Les gaziers encouragent les Espagnols à persévérer dans les éoliennes ; les Norvégiens espèrent poursuivre leurs achats d'électricité gratuite, subventionnée par les contribuables danois. Le financement des panneaux solaires par une taxe supplémentaire sur l'électricité représente un non-sens économique, vu leur coût de production et notre incapacité actuelle à stocker l'énergie. En France, le solaire et l'éolien bénéficient chaque année de milliards d'euros prodigués par l'État français. Leur implantation se réalise dans le cadre d'appels d'offres émis par la Commission de régulation de l'énergie (CRÉ). La différence entre le prix de l'appel d'offres et la valeur marchande est financée par l'État. Indirectement, le consommateur au travers d'une taxe sur les factures d'électricité (CSPE, contribution au Service public de l'électricité) y contribue. La Cour des comptes évoquait en 2018 des coûts cumulés de 121 milliards € sur l'ensemble des années précédentes couvrant les contrats. Chacun découvre la ponction opérée sur sa facture. Le prélèvement se prolongera jusqu'en 2040, vu l'étalement des financements, mais de manière moins visible sur la TICPE (taxe intérieure de consommation sur les produits énergétiques), notamment sur l'essence et le diesel.

Les tarifs de vente doivent rémunérer non pas la capacité de produire, mais la maîtrise à fournir de l'énergie aux heures de pointe. Le modèle économique des énergies vertes doit intégrer cette contrainte.

L'éolien

Dans notre « pseudo-serre », l'atmosphère terrestre, le vent représente 2 % à 3 % de l'énergie solaire. Un peu de chaleur transformée en énergie mécanique. Un site éolien occupe énormément d'espace. Il produit au maximum 0,5 W/m2. Les juges refusent les installations à moins d'un kilomètre des habitations à cause des nuisances sonores.

Seules peuvent être équipées les régions dotées d'une vitesse du vent supérieur à 4 m/s, à cause de l'inertie des pales. Ces lieux se situent souvent dans les vallées déjà fort encombrées par l'activité humaine ou sur le littoral. Les côtes nord-ouest de l'Europe et le Languedoc-Roussillon représentent les meilleurs emplacements

. En 2020, la France a installé au total 9 000 éoliennes. Leur capacité annuelle de 40 TWh représente 8 % de la production électrique nationale.

Puissance moyenne d'une éolienne : 2 MW.
Production théorique annuelle : 2 MWh pendant 8 760 heures = 17,5 GWh, pour un vent de 13 m/s
Production réelle, 25 % de la puissance nominale (vent intermittent) : 4,4 GWh/an
Emprise au sol rendu non habitable : 1 km²/éolienne, énergie reçue (0,5 W/m2)

Bilan carbone, temps de retour : 5 ans

Une ferme de dix éoliennes alignées rend inhabitables 10 km², si nous maintenons une distance de 1 km entre toute résidence et leur implantation. Soit 1 km² par éolienne. La surface du parc éolien actuel de 9 000 km² couvre 1,6 % de la superficie du territoire national. C'est autant que l'emprise des maisons, presque celle des jardins domestiques. Pour obtenir 30 % de notre électricité par l'éolien, les chiffres précédents doivent être multipliés par quatre. Les fermes d'éoliennes devant être essentiellement concentrées sur la face nord-ouest de la France, plus venteuses, elles représenteraient une emprise exprimée dans cette région de l'ordre de 30 %. Un chiffre inacceptable pour les habitants. C'est l'assurance de défigurer totalement le paysage à l'intérieur des terres à 1 km du littoral, leur implantation étant interdite en bordure immédiate du bord de mer. Une fois de plus, pour contourner les lois de la physique, nous allons les planter ailleurs, donc en mer. L'installation est prévue ces prochaines années : le plateau continental va être envahi par les fermes d'éoliennes. Contrairement au Royaume-Uni et au Danemark, la plateforme continentale le long des côtes françaises s'enfonce beaucoup plus rapidement. D'où un coût très élevé pour implanter les éoliennes au large de nos rivages.

Le parc récupère 0,5 W/m2, soit 1 % de l'énergie du soleil transmise au niveau du sol. Ce faible pourcentage illustre parfaitement la notion d'« en même temps. ». Les experts du réchauffement ne peuvent pas prétendre que la Terre est une serre à l'atmosphère bien tranquille et en même temps qu'elle dispose de vent permettant de fournir son énergie. Le réseau électrique est tendu en hiver. La France importe de l'électricité allemande, produite par le charbon. Un mix énergétique se révèle indispensable.

Encore, assurons-nous que la construction de l'éolienne ne génère pas plus de CO2 qu'elle offrira d'en économiser. Une éolienne de 2 MW contient 260 t d'acier requérant 110 t de charbon et 200 t de minerai de fer. Tous sont extraits et produits par des hydrocarbures. Combien de temps une éolienne doit-elle délivrer de l'énergie, avant d'en créer plus que celle nécessaire à sa fabrication ? Sur un site bien venté : 3 ans. Sur une zone pauvre en vent, la réponse pourra être : jamais. Couper des forêts pour implanter des éoliennes ou des panneaux solaires est une très mauvaise idée.

Le photovoltaïque n'est guère mieux loti. D'abord, l'investissement reste cher, ensuite si vous voulez remplir vos besoins, vous devrez tapisser toute votre maison. Le photovoltaïque permet d'obtenir sur une surface équivalente des énergies beaucoup plus fortes que l'éolien. Un facteur dix. Transformer directement l'énergie solaire en électricité est beaucoup plus performant que de passer par l'énergie mécanique du vent. En revanche, l'emprise est complètement stérilisée et doit être choisie sur des terres peu utiles à l'exploitation agricole : hangars, couvertures de parking…

L'énergie obtenue va dépendre de la latitude ; de surcroît, les saisons opèrent une modulation forte d'un facteur quatre, entre janvier et juin, par rapport à la moyenne. C'est donc un mode de production extrêmement intermittent : d'une part au cours des épisodes jour-nuit, d'autre part lors de l'hiver.

Le photovoltaïque réduit les surfaces agricoles françaises de 10 000 ha par an. Un autre facteur entre en ligne de jeu : le prix. Aujourd'hui, l'énergie photovoltaïque coûte quasiment le même prix que les réacteurs nucléaires de troisième génération EPR.

La ferme photovoltaïque de Cestas située au sud de Bordeaux, la plus grande d'Europe, délivre 1 GWh par jour.

Elle occupe une surface de 260 ha, et développe un rendement de 1,6 W/m2.

Parc solaire français, puissance installée : 9,5 GW Production annuelle : 12 TWh (14 % de la puissance nominale). Production saisonnière 4 fois plus forte en juin qu'en janvier Rendement : 2,2 W/m2 Bilan carbone, temps de retour : 15 ans

Les cellules photo-électriques peuvent dégager un rendement jusqu'à 30 % de l'énergie reçue ; l'éclairement solaire direct s'élève à 125 W/m2 à Paris et à 160 W/m2 à Bordeaux. L'éolien et le photovoltaïque participent peu à la production en France, moins que l'Angleterre, 5 fois moins qu'en Allemagne, bien que nous possédions des gisements supérieurs en vent et en solaire. La moitié sud de la France voit ses capacités de raccordement saturées. Personne n'accepte la construction de lignes à haute tension dans son jardin.

Les énergies intermittentes ne peuvent produire qu'accompagnées d'une source pilotable de substitution.

L'éolien et le photovoltaïque présentent un fonctionnement aléatoire. Les électriciens ne peuvent les entrer que partiellement dans la courbe prévisionnelle de production. Ils les excluent du réglage de la stabilité du 50 Hz, indispensable pour assurer une fréquence stable, aux machines, aux horloges… La production électrique doit s'adapter à la consommation instantanément. Or nous ne savons pas stocker des électrons en mouvement. La seule solution reste de transformer leur énergie, mais au prix de pertes.

Personne au monde ne maîtrise le fonctionnement d'un réseau électrique composé à plus de 60 % d'énergies éolienne ou solaire. Nous devons nous poser la question : combien coûte l'installation d'éoliennes, ne libérant qu'un quart de leur puissance ? L'ajustement par d'autres sources se révèle indispensable, quand le vent apparaît trop faible pour assurer la production les trois quarts du temps. La puissance délivrée varie comme le cube de la vitesse du vent ; l'éolienne tourne 80 % du temps, mais trop souvent au ralenti, en l'absence du vent « espéré », sous les 13 m/s. Est-ce aux Français d'adapter leur consommation aux sautes d'humeur d'Éole ? Aucun électricien ne sait accorder sa production aux fluctuations d'un parc composé uniquement d'éoliennes. L'éolien hors des zones à vent stable reste une très mauvaise idée.

Garantir 20 % de la production électrique par éoliennes est possible aujourd'hui, car le réseau français est surdimensionné. Si le gouvernement décide de fermer les centrales nucléaires, des centrales à gaz devront prendre la relève pour assurer la production les trois quarts du temps.

Les énergies intermittentes ne peuvent fonctionner qu'en compagnie d'une source pilotable de substitution : au choix le gaz ou le charbon ; le nucléaire supporte très mal les mises à l'arrêt temporaires. L'énergie hydroélectrique et le gaz se révèlent aujourd'hui indispensables aux heures de pointe, pour satisfaire la consommation française.

L'éolien ne constitue pas un moyen de production autonome. Il permet d'économiser 25 % des combustibles fossiles, quand le vent souffle. Comme le vent se présente variable, d'autres sources d'énergie pilotables doivent compléter l'installation. En France, un plan massif d'implantation d'éoliennes signifierait une augmentation des émissions de CO2 et des interruptions de courant. Plusieurs états ont vécu récemment de telles coupures : la Californie lors de grandes canicules, le Texas lors de grands froids, et l'Australie plusieurs fois pendant 48 heures. Ces interruptions électriques ont entraîné des ruptures de la chaîne du froid indispensable aux biens alimentaires ou pharmaceutiques.

Remplacer le nucléaire par un couple éolien-gaz est une très mauvaise idée contre le réchauffement climatique. La production électrique française aujourd'hui ne consomme pas d'énergie fossile. L'Allemagne, en fermant la moitié de ses centrales nucléaires, recourt à l'éolien et au lignite et émet deux fois plus de CO2 que la France.

L'hydrogène peut-il venir à la rescousse ?

L'hydrogène n'appartient pas à la catégorie des sources d'énergie, mais à la transformation en une autre forme d'énergie. Son utilisation consomme plus que ce qu'il ne peut restituer. Il reste peu stockable, difficilement transportable, car il a une densité minime. L'inconvénient majeur de l'hydrogène réside dans sa faible compacité volumique. Cette caractéristique impose, pour le mettre en réserve, soit de le liquéfier à une température extrêmement basse de -253 °C, soit de le comprimer à très haute pression 700 hPa (hectopascal). De plus, nous devons veiller à maîtriser les risques de fuite de corrosion et d'explosion.

Pour approvisionner en hydrogène 30 % des automobiles françaises, les producteurs d'électricité devront multiplier le parc éolien par quatre. Ce gaz reste indispensable pour fabriquer de l'ammoniaque, des engrais et de l'acier sans émission de CO2. L'utilisation de l'hydrogène peut difficilement s'envisager pour des véhicules mobiles, hors sites propres, compte tenu du danger d'explosion de ce gaz. Un réservoir de 250 kg s'avère nécessaire. L'hydrogène doit être généré et stocké à proximité des lieux de consommation. La solution de mettre en réserve cette forme d'énergie en consomme 50 % de plus ; la déplacer demande 30 %. Alors beaucoup proposent d'utiliser l'hydrogène comme moyen d'emmagasinage pour les énergies intermittentes : transformer l'électricité en gaz hydrogène. Ce dernier est entreposé, puis réinjecté sous forme d'électricité dans les réseaux quand les éoliennes et les panneaux solaires ne produisent pas assez. Ou bien exploité directement dans l'industrie.

L'électrolyse peut-elle ouvrir une voie prometteuse ? L'électrolyse alcaline (potassium), utilisée aujourd'hui, présente des rendements de 60 %. Nous ne savons pas électrolyser l'eau pure ; celle-ci ne conduit pas le courant. La dissolution de sels ou d'un acide rend l'eau conductrice. Dans la réalité, nous électrolysons une solution d'acide dans l'eau.

Le coût de production reste à présent très élevé, à la suite d'une cascade de perte d'efficacité. Beaucoup d'énergie s'avère nécessaire pour produire de l'hydrogène par électrolyse. Seul le nucléaire permettrait d'y accéder.

Les autres alternatives

Le nucléaire, faute de mieux

Le nucléaire ne présente-t-il pas finalement la solution ? C'est 10 % de l'électricité mondiale. Il pourrait remplacer 40 % de l'utilisation du charbon. L'Allemagne a décidé depuis dix ans exactement l'inverse. La houille crée beaucoup de maladies pulmonaires chaque année. La transition nucléaire s'avère efficace, si nous voulons éviter des ajustements ultérieurs importants. Trois pays ont défini une stratégie à long terme sur l'énergie atomique : la Chine, la Russie et la Finlande.

Le nucléaire souffre de la critique sur les déchets. Ceux-ci pourraient être réduits d'un facteur 1 000 en cassant les atomes radio-actifs. Leur radioactivité deviendrait supportable après 300 ans. Leur encombrement reste beaucoup moins volumineux que les terrils du nord de la France. Les résidus les plus radio-actifs représentent 50 piscines olympiques, à conserver 1 000 ans. Nous rejetons 200 fois plus de déchets dans nos poubelles.

N'avons-nous pas découvert à Oklo, au Gabon, un site naturel stockant des résidus de seize réacteurs nucléaires spontanés ? Deux milliards d'années avant notre ère, l'uranium y a subi, une fission naturelle « contrôlée », pendant des centaines de milliers d'années, bien avant l'arrivée de l'être humain. Ce confinement apparaît rassurant ; la nature n'a adopté aucune précaution ; aucune réaction en chaîne n'a eu lieu, en dépit de l'eau ruisselant dedans. Le risque pris aujourd'hui sur nos déchets nucléaires reste beaucoup plus faible que les bénéfices engendrés sur la réduction des émissions de CO2.

Le centre de démonstration d'Iter fournira peut-être le remède à long terme. La fusion d'un plasma, composé de deutérium et de tritium, à 150 millions de degrés permet de créer de l'énergie. Mais la solution opérationnelle, reliée au réseau électrique, n'interviendra pas avant 2070. C'est un projet à très longue échéance. En attendant, la France devra renouveler son parc nucléaire. EDF ne peut pas assumer seule le financement de l'action. Les marchés demandent une garantie de l'État.

La chaleur, la bonne mesure par excellence

La cogénération apparaît prometteuse, une production combinée d'électricité et de chaleur : l'électricité est fournie par un générateur tandis que la chaleur est récupérée dans le système de refroidissement et les gaz d'échappement.

Les bonnes mesures par excellence : réduire le chauffage de 1 °C offre une baisse de la consommation de 10 %. Installer des pompes à chaleur : elles dépensent 4 fois moins d'énergie. Capter et transférer de la chaleur déjà existante est plus rentable que de créer de la chaleur à partir d'électricité ou du bois. Une pompe à la consommation électrique de 100 W permet de récupérer 400 W de chaleur. Le coefficient de performance de la pompe s'élève à quatre. Les calories, à l'extérieur et transportées à l'intérieur de la maison, en utilisent habilement la compression et la détente d'un gaz en circuit fermé.

Le bois a perdu le statut d'énergie verte.

Il participe beaucoup plus que le charbon au réchauffement climatique. Les émissions brutes de CO2 du bois dépassent celles du charbon. D'une part, le bois présente une combustion beaucoup moins efficace (le glucose possède déjà des liaisons oxydées CO, seules les liaisons restantes contribuent au dégagement de la chaleur alors que les fossiles n'ont que des liaisons CH). D'autre part, il contient la moitié de son poids en eau à la récolte, et demande de l'énergie pour son séchage. Il convient de rajouter l'énergie de transport, celle du broyage, etc. Surtout, nous perdons l'apport des forêts au refroidissement climatique par l'évaporation. Le remplacement des arbres s'opère au détriment d'une forêt démunie de temps pour grandir ; les jeunes pousses absorbent moins de carbone.

Le bois devrait être retiré de la liste des énergies renouvelables et inclus dans le bilan carbone à hauteur des dégâts créés.

7 millions de foyers en France se chauffent au bois. Pour les services officiels, le bois de chauffe n'émet pas de CO2. Étonnant ? Est-ce au prétexte que la forêt se renouvelle ? Les pouvoirs publics l'ont décidé en connaissance de cause. En déclarant que brûler du bois est neutre en CO2, ils autorisent le pays à augmenter sa consommation d'énergie, sans que les émissions y afférentes soient comptabilisées.

Pourtant, n'oublions pas que la forêt est un puits de carbone. Seules les vieilles forêts jouent ce rôle. La forêt c'est un cycle long. Le gouvernement français, en poussant l'exploitation du bois, contribue ainsi à diminuer le puits de carbone, au moment où nous en avons le plus besoin. Les partisans de l'énergie « verte » encouragent la coupe des arbres ! C'est la double peine : des émissions de CO2 plus importantes, et la réduction des puits de carbone.

« Renouvelable » ne signifie pas une utilisation illimitée, jusqu'à épuisement des sols. La France se dirige vers la monoculture du pin. Si nous abattons des arbres jeunes, nous appauvrissons le sol. Sans les débris des arbres, la forêt ne se régénère plus. Il nous reste très peu de vieilles forêts. Pour la première fois depuis le début du XIXe siècle, la quantité de bois sur pied diminue.

Au Royaume uni, la centrale de Drax, reconvertie du charbon au bois, importe 13 millions de tonnes de bois depuis la côte est des États-Unis, sous forme de granulés. Un volume de bois de plus grande envergure que la production locale de nos voisins d'outre-Manche. La Caroline-du-Nord rase ses bois, parce que l'Europe subventionne les granulés. La centrale de Gardanne va suivre le mouvement en important des granulés d'eucalyptus du Brésil ou d'ailleurs. Cet arbre pousse très vite, mais assèche les sols et les rend infertiles. La Réunion est en train de convertir ses centrales à charbon en centrales à bois ; dans un pays disposant de peu de forêts, elle sera obligée d'importer les granulés des États-Unis.

Les gens ne veulent pas réduire leur consommation ; donc ils jouent la carte de la contrepartie, en plantant des arbres.

Reboiser en Europe, pour compenser la consommation en carbone, ne repose sur aucune base scientifique.

La surface des forêts dans le monde continue de diminuer. Renouveler les bûches brûlées instantanément, exige soixante ans de patience. L'excès de CO2 disparaît aux deux tiers en quarante ans. Le bois est déclaré à tort contribuer pour 40 % des énergies renouvelables. Limiter la consommation du bois-énergie devient urgent.

Idéfix, le chien de la bande dessinée d'Astérix le Gaulois détestait que l'on touche aux arbres. Dommage qu'il ait disparu. 500 scientifiques par le monde ont écrit, en février 2021, aux principaux chefs d'État pour leur demander d'arrêter de couper la forêt et de brûler le bois. « L'utilisation du bois, comme source d'énergie, dégage trois fois plus de carbone que le charbon » ! déclarent-ils.

L'utilisation de bois de charpente, en revanche, contribue beaucoup moins au réchauffement que le ciment ou les parpaings.

Résumons, dans ce théâtre des faux-semblants. Hors énergie nucléaire et hydroélectricité, les seules sources d'énergie vertes à notre disposition fonctionnent par intermittence : la probabilité que le vent « espéré » arrive au rendez-vous s'élève à hauteur de 25 % ; le solaire produit juste 14 % du temps. Le stockage par pompage hydroélectrique reste limité, par manque de sites. L'hydrogène ne semble pas un mode de stockage au point techniquement. Les lobbys éolien et solaire possèdent de beaux jours devant eux. Les gaziers récupèrent la mise, car, peu importe le nombre d'éoliennes installées, le vent souffle partout en même temps en Europe, ou bien, en présence d'un anticyclone, il n'est présent nulle part. Le recours au gaz pour les deux tiers de l'énergie consommée s'impose comme la règle ; les beaux discours politiques n'y changeront rien.

En renonçant au nucléaire, la France perdrait son indépendance et devrait acheter plus de la moitié de ses carburants à l'étranger, principalement en Russie. Ce serait la fin de la souveraineté énergétique. L'Allemagne s'apprête à devenir le hub gazier de l'Europe, avec l'inauguration de Nord Stream 2.

Les biocarburants appartiennent à la même catégorie. Une parcelle cultivée apparaît d'une certaine façon comme une forêt sur laquelle nous opérons une coupe rase chaque année, une forêt potentielle dont la capacité de stockage de carbone est maintenue proche de zéro.

Le biogaz provient le plus souvent de la fermentation d'éléments organiques grâce à l'action de micro-organismes. Il se produit naturellement dans les rizières, les marais... Pour le récupérer, une noria de camions se met en place et défonce les routes départementales.

Quelle énergie choisir ? investissement et sécurité

La comparaison des taux de retour des différentes filières énergétiques et leur disponibilité face à des consommations journalières fluctuantes imposent certains choix. Elles expliquent le renouveau accru au charbon dans le monde, malgré ses impacts en matière d'émissions d'aérosols et de gaz à effet de serre. Elles justifient d'écarter certaines filières tel l'éthanol de maïs, parce que leur rendement ne dégage pas de surplus pour soutenir l'économie. Le retour des différentes filières reste encore sujet à des incertitudes. Il varie en fonction des régions, et du contexte local de production. Néanmoins, une perspective générale permet de conclure que la diminution persistante du rendement du pétrole à partir de son sommet historique à 100 marque la fin des excédents énergétiques abondants. Les autres ressources ne peuvent assurer l'après-pétrole sans contraintes majeures. Le pétrole de schiste pourrait descendre à 2, c'est-à-dire à un taux bien inférieur à 3 requis pour soutenir l'économie. Le déclin apparent des meilleurs gisements transforme cette ressource en une solution de rechange sans intérêt à moyen terme. Face à la décroissance du rendement énergétique, la substitution de l'électricité renouvelable au pétrole ne peut se conjuguer durablement à la hausse de la consommation d'énergie par habitant.

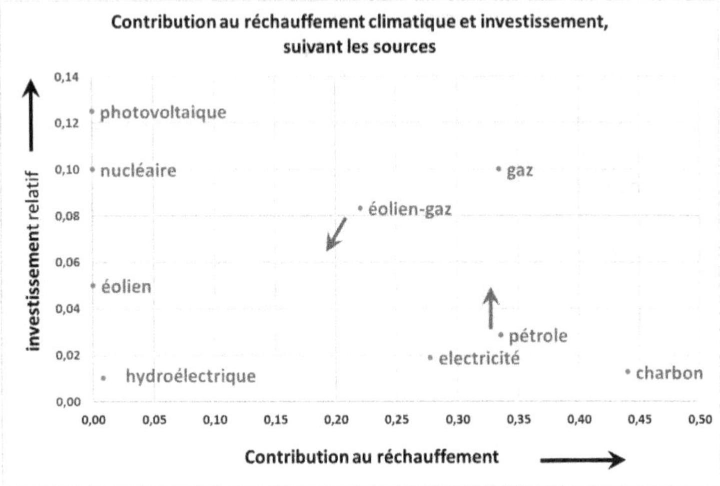

Figure 88. Investissement relatif et contribution au réchauffement des différentes sources d'énergie.

Charbon et pétrole resteront de longues années l'option des pays en développement, lorsqu'ils ont équipé tous les sites hydroélectriques. Pour assurer leur expansion, la seule alternative est d'adopter le mode d'énergie la moins onéreuse. Substituer le gaz au charbon diminue peu le réchauffement, à cause des fuites de méthane, et vaut très cher en infrastructure. Ne bénéficiant pas de réseau électrique, l'Afrique échappe au choix du charbon et se dote de panneaux photovoltaïques. Nous devons accéder aux besoins de 1,3 milliard d'habitants privés d'énergie. L'énergie reste un produit de première nécessité. La distribuer à un coût raisonnable passe inévitablement par la technologie.

Les énergies renouvelables s'épanouissent différemment d'un pays à l'autre. L'Afrique subsaharienne se trouve la mieux pourvue. Australie, Chili et Maroc disposent de gisements abondants. Chine, Inde et États-Unis peuvent en bénéficier suffisamment pour leurs besoins. Le Japon, la Corée du Sud et l'Europe sont tiraillés par la faible densité d'espace disponible ; les filières éoliennes et photovoltaïques ne produisent que 30 % du temps. En complément, dans la plupart des pays européens, le gaz prend le relais et contribue ainsi au réchauffement.

Vous voulez refuser à la Chine d'inaugurer deux nouvelles centrales à charbon par semaine. Elle peut immédiatement rétorquer l'interdiction des exportations des panneaux solaires, et de certains métaux critiques. Sans eux, nous ne pouvons construire des éoliennes en mer, produire des batteries… Nous voilà donc pieds et poings liés à la Chine, en l'absence de notre indépendance énergétique.

Envisager la transition électrique trop rapidement, induit une explosion de la demande de cuivre, de lithium, de nickel, de graphite et de cobalt. Le recours mondial au cuivre va être multiplié par 4 ; celui au cobalt par 30. Nous remplaçons l'empreinte carbone par un stigmate minéral.

Un véhicule électrique incorpore quatre fois plus de cuivre qu'un véhicule thermique. Le basculement vers un parc automobile à dominante électrique entraîne une augmentation conséquente de la consommation planétaire de cobalt. Ce minerai devient le plus recherché au monde ; il constitue le métal le plus performant dans la composition des cathodes des batteries lithium-ion. 60 % de l'approvisionnement universel en cobalt est extrait en République démocratique du Congo, dont un tiers dans des petites mines artisanales où les enfants de sept ans travaillent dans des conditions dangereuses. Les entreprises chinoises dominent aujourd'hui le marché : elles contrôlent 70 % du cobalt raffiné. Si elles ne possèdent que 1 % des mines de cobalt, elles vendent 50 % du métal raffiné. La Chine a pour ambition de devenir le numéro un mondial des batteries.

Notre ingestion de matières premières va augmenter de 50 %. Dans les trente prochaines années, nous allons consommer 80 % des réserves connues de cuivre, et de cobalt. Le cobalt se trouve essentiellement dans les mines de cuivre. Si nous arrêtons l'extraction du cuivre, une pénurie de cobalt s'en suit immédiatement.

La concentration de cuivre dans le minerai prélevé au Chili décroît toujours plus, de 1 % à 0,6 % aujourd'hui. Son extraction requiert constamment plus d'énergie. 17 % de l'énergie mondiale est utilisée pour l'extraction des métaux. Nous voilà revenus à l'efficience énergétique introduite au début du chapitre. Si la teneur dans le minerai diminue, l'extraction des métaux demande une consommation d'énergie plus importante, et de l'eau. Elle a lieu dans des régions à fort stress hydrique. Pour certaines mines, le Chili dessale l'eau de mer et la transporte sur le site d'extraction, à plus de 150 km, au prix d'une consommation énergétique toujours plus intense.

Pour le lithium, cinq entreprises constituent de fait un oligopole. Très peu de pays ont compris que les métaux c'est le pétrole de demain. La Chine l'a assimilé très tôt. L'Europe hypocrite, et à l'étroit, refuse les mines sur son territoire.

Bien que les métaux se recyclent facilement, nous en récupérons des quantités minimes : ceux qui se recyclent le mieux restent immobilisés dans les constructions, pendant 60 ans.

Les terres rares deviennent un sujet politique. Nous les appelons ainsi à cause de leur faible teneur en minerai, bien qu'elles se trouvent relativement abondantes dans la nature. Elles nécessitent une extraction extensive. La Chine n'a-t-elle pas décrété un embargo des terres rares sur le Japon et les États-Unis en 2011 ? L'intervention de l'OMC y a mis fin. Les terres rares rassemblent 17 minéraux aux noms inconnus du grand public (scandium, yttrium). La Chine assure plus de 95 % de la production mondiale des dix-sept terres rares, indispensables à l'industrie. Elle maîtrise totalement l'avenir du développement des énergies renouvelables. Selon un rapport publié par *l'US Geological Survey*, ce pays dispose de 36 % des réserves planétaires. Afin de consolider le secteur, elle a annoncé les installations minières sous contrôle étatique, après avoir décidé de réduire les quotas d'exportation. Démarrer un nouveau gisement peut prendre une décennie. L'essentiel de l'exploitation globale devrait rester concentré en Chine dans les prochaines années, une mainmise gigantesque. La Chine va devenir importatrice de terres rares dans les années à venir. Notre dépendance vis-à-vis des pays producteurs de pétrole se déplace vers la Chine.

Les rivalités entre entreprises, souvent monopolistiques, entraînent des lobbys importants sur la transition énergétique et des pressions sur les différentes sources à utiliser.

Pour les nations développées, d'autres critères entrent en ligne de compte dans les choix énergétiques : la mobilité, et le stockage. Le poids des voitures électriques est considérablement alourdi par les batteries, et leur autonomie reste réduite.

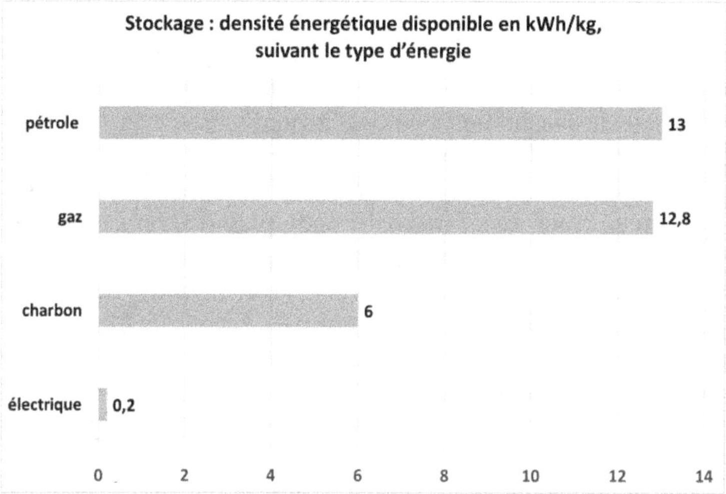

Figure 89. La densité d'énergie disponible par kilogramme, suivant les sources.

Plus le rendement des ressources énergétiques descend, plus la période de remplacement des infrastructures et des équipements devient longue. La mutation demande des surplus énergétiques significatifs, pour assurer un niveau de vie minimal et le niveau de production. Plus une économie s'engage rapidement dans le processus de transition énergétique, moins elle éprouvera des difficultés de conversion. Chaque décision d'immobiliser les excédents énergétiques raréfiés rend une conversion énergétique réussie plus improbable. La fermeture des centrales à charbon et le refus par les populations d'implanter de nouvelles lignes électriques font porter un risque sur la continuité du service électrique en Bretagne. Force est d'installer des centrales à gaz comme celle de Landivisiau dans le Finistère ; elle entrera en activité en 2022. L'État en revient ainsi à subventionner des énergies fossiles. Ces centrales doivent compenser l'intermittence des éoliennes et panneaux solaires. Le résultat final se traduit par une augmentation des émissions de CO2.

Que ce soit le pétrole ou le nucléaire ou d'autres sources d'énergie, la transition ne peut se réaliser que très lentement. Les investissements énormes demandent 40 ans pour être rentabilisés. Le monde va donc devoir acheter du pétrole encore longtemps, à son corps défendant. La plupart des sites hydroélectriques sont déjà équipés. Seul le charbon peut servir d'énergie de substitution à un coût raisonnable.

Nous devons l'admettre, nous avons bénéficié d'une énergie et de transports exceptionnellement bon marché. Cette époque se termine. Nous avons mal saisi notre première opportunité en 1970 d'évoluer de manière plus durable. Nous avons une deuxième chance pour trouver une solution d'ici 20 ans. La troisième occasion ne se présentera pas. À nous de changer les mentalités : d'abord la sobriété, éviter le gaspillage des passoires thermiques de nos maisons, partager les moyens de transports collectifs. Augmenter les coûts de l'énergie pour investir à bon escient, dans le stockage et le transport de l'énergie. Stockage et transport fournissent les deux clés d'une transition réussie. Plus nous attendrons, plus l'ajustement devient délicat. Les nouvelles énergies appartiennent au domaine où le retour de la R et D reste le plus incertain. Par exemple, nous ne savons toujours pas fabriquer des piles à combustible à prix raisonnable, alors que nous maîtrisons la technologie depuis 40 ans. L'hydrogène devient un élément clé pour le stockage de l'électricité. En France, aucune politique énergétique n'obtient le consensus parmi les différents partis politiques. La filière bois ne semble pas assez prometteuse. Du coup, personne ne s'occupe de gérer les forêts privées. 7 millions de foyers se chauffent au bois. Le coût au kilowattheure varie de 3 à 6 centimes d'euro, quand il s'élève à 11 pour le gaz naturel, et à 18 pour l'électricité.

Le bon signal doit se traduire par une augmentation des prix pour encourager la sobriété, et dégager un autofinancement pour investir dans le renouvellement. Le cas des ménages précaires doit être examiné séparément. Mais ces surcoûts doivent servir à subventionner uniquement des modes de production matures, efficients, ou l'innovation dans le stockage. Pour sortir du nucléaire, les clients devront payer l'énergie beaucoup plus chère. Les Allemands l'approuvent ; les Français l'accepteront moins. Et pour se retirer vite, les coûts seront encore plus élevés.

La consommation des Français n'a pas baissé son niveau d'émissions de CO2 depuis 25 ans.

Les lois de la physique ne peuvent être transgressées. Nous les contournons, en déplaçant les lieux de pollution. Certes, la France diminue son empreinte carbone sur la production hexagonale ; mais elle l'augmente d'autant par ses importations. (6 tonnes d'équivalent CO2 par habitant pour les importations, contre 5 pour la production nationale.) Comme le CO2 se répand instantanément sur toute la planète, favoriser la fabrication extraterritoriale n'a pas grand sens. En prime, nous bénéficions de moins en moins d'emplois sur le territoire national.

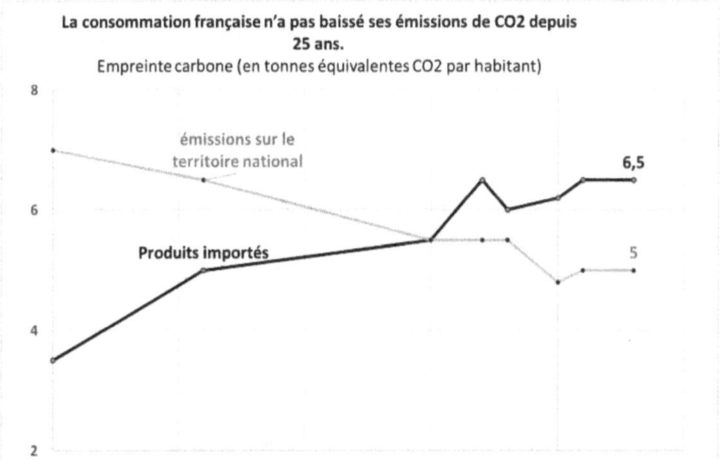

Figure 90. Empreinte carbone de la consommation française, depuis 1995.
La France réalise des efforts sur le territoire national, mais les émissions de biens importés s'envolent. La consommation des Français n'a pas baissé son niveau d'émission depuis 25 ans ! (Source : haut conseil du climat.)

Les Français exportent le CO_2 nécessaire à la fabrication des panneaux solaires en Chine et celui de leurs batteries au Chili.

Pouvons-nous persévérer ad vitam æternam en créant de tels déficits de production, financiers, et d'emplois ? Nous achetons notre vertu à crédit. Les états étrangers accepteront-ils longtemps de continuer à financer nos importations ? Quant à nos émissions de CO_2 quand nous examinons la totalité de la consommation française, importations comprises, elles n'ont en rien baissé, depuis 25 ans. Seuls nos emplois déclinent.

Les transports

Les transports produisent 25 % des émissions de CO_2, dans le monde.

La baisse des émissions de CO_2 dans les transports se révèle plus complexe. Les écologistes s'acharnent sur l'aviation, pourtant modeste contributrice aux émissions françaises et mondiales (1,4 % des émissions françaises). Les avions toutefois participent moins au réchauffement que les voitures à essence. Les principales émissions du transport proviennent du trafic routier : automobiles et camions. L'État n'est pas le mieux placé pour décider les consommations vertueuses ; dans de nombreux cas, les citoyens s'affirment plus performants : demander à un citadin de remplacer son vieux véhicule qu'il utilise un ou deux jours par mois est beaucoup plus destructeur que de la garder. L'obsolescence programmée ne participe pas à sauver le climat. La ville de Paris veut interdire le diesel en 2024. 68 % du parc roule au diesel. Les Parisiens devront donc payer plus cher leurs livraisons et leurs transports. Si les Parisiens suppriment rapidement le diesel, que deviennent les 30 % de carburants diesel obtenus à la sortie des raffineries ? Devons-nous les rejeter à la mer ou les exporter en Afrique, où circulent nos véhicules d'occasion ?

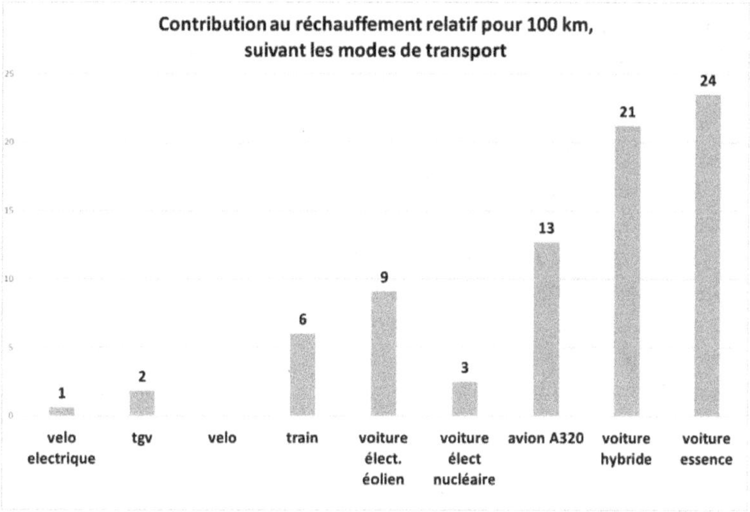

Figure 91. Contribution au réchauffement suivant les moyens de transport.

Réduire peu à peu simultanément la consommation d'essence et de diesel est une nécessité. La voiture électrique entraîne moins de particules dans les villes, c'est une bonne idée pour une deuxième voiture ; mais son achat coûte 40 % plus cher qu'un véhicule thermique.

Remplacer les véhicules à pétrole par des voitures électriques ne change rien à l'affaire, et donne juste bonne conscience, si l'électricité est fournie par des énergies carbonées.

Une différence importante existe entre l'énergie primaire consommée et l'énergie finale utilisée. Les voitures électriques participent à ce gâchis lorsque les zones d'usage s'éloignent des lieux de production. Revenons à des productions de proximité. La voiture hybride est mieux à cet égard.

Les performances du véhicule électrique restent limitées :

Son autonomie et les capacités de recharge demeurent trop faibles. Support d'appoint, il ne peut se substituer à un véhicule thermique. Les lois de la physique demeurent incontournables.

Si nous pouvons espérer une modeste amélioration des performances de la batterie, le réseau de distribution électrique actuel est sous-dimensionné pour ce nouveau mode de transport. La vitesse de recharge demeure trop lente ; elle immobilise les véhicules industriels et de livraison. Elle ne correspond pas aux attentes des utilisateurs et au besoin du marché. Les tuyaux de recharge se révèlent trop étroits.

Si nous n'augmentons pas substantiellement la puissance disponible dans les foyers pour recharger en un temps raisonnable, la voiture électrique se limitera aux trajets de proximité, inférieurs à 200 km, en consommant 60 kWh. Pour des distances plus importantes, une installation spécifique de 30 kilovoltampères à votre compteur s'impose pour recharger en 6 heures.

La voiture électrique reste un moyen réservé aux petits déplacements, à l'exclusion des grands voyages, des zones estivales ou événementielles. Dans les métropoles, les transports en commun ou le vélo se révèlent plus appropriés. D'ailleurs, peu de ménages recourent à une deuxième voiture. Dans les campagnes, nous n'avons pas identifié d'autre solution que de renforcer la distribution par des bornes de recharge puissantes, ou alors permuter les batteries à chaque utilisation. Aujourd'hui, aucune politique cohérente n'explique comment adapter le réseau de distribution électrique à l'usage de ce nouveau véhicule. Des câbles de cuivre ou des barres de platine particulièrement volumineuses devront être installés pour délivrer autant d'énergie que les tuyaux des pompes à essence. Leur coût sera élevé. Les 600 kWh engrangés par un plein de carburant assurant une parfaite autonomie semblent difficiles à transférer en 5 minutes. Ne parlons pas du chassé-croisé des automobilistes le 14 juillet et le 15 août. Comment des millions de conducteurs pourront-ils recharger la batterie de leur véhicule électrique, en un temps minimum de 20 minutes sur une borne ? Combien de nouvelles centrales EPR convient-il de construire le long des autoroutes pour délivrer 50 GW ? Le premier coup de pioche de la première installation n'a même pas commencé. Qui va les payer ? Le contribuable ? C'est là où vous comprenez le pouvoir de l'énergie instantanée du pétrole.

La voiture électrique ne présente pas un meilleur bilan que le véhicule à essence ou diesel. Si nous prenons en compte les pertes d'acheminement de l'électricité, les pertes chimiques liées à la batterie et la différence entre énergie produite et énergie livrée, le résultat est identique. Dans la production électrique actuelle, plus de la moitié est gaspillée. Cette perte est comptabilisée par le fameux coefficient 2,1 d'ERDF permettant d'agréger les énergies électriques délivrées à partir d'énergies primaires fossiles. Nous nous trouvons dans une impasse stratégique. Aujourd'hui, nous ne disposons pas d'électricité décarbonée pour faire fonctionner les voitures électriques, hors nucléaire. Le coût énergétique se révèle trois plus élevés que pour les combustibles fossiles. L'utilisateur paiera la différence.

Pourquoi ne développons-nous pas une phase intermédiaire, à base de véhicules plus petits, consommant 2 litres d'essence/100 km, le temps que la production électrique soit décarbonée ? Les SUV électriques représentent une fausse bonne idée. Quel véhicule du futur voulons-nous ? Seuls les GAFA semblent-ils en position d'imposer ces nouveaux véhicules dotés d'une batterie révolutionnaire ?

Le véhicule à hydrogène apporte-t-il la solution ?

Il s'appuie sur des piles à hydrogène rechargeables en cinq minutes. C'est là son unique avantage. Il utilise un moteur électrique. L'hydrogène se combine avec l'oxygène pour générer de l'électricité et pour former des molécules d'eau expulsées du véhicule. Ce gaz n'existe pas à l'état naturel. La fabrication du carburant de ce véhicule reste une tâche compliquée. Des centrales d'énergie à plus de 800 °C le produisent à partir d'hydrocarbures. À cause de différentes défaillances, nous déplorons souvent des fuites de méthane. Cette industrie demeure très polluante, et émet plus de gaz à effet de serre et de réchauffement que la propulsion thermique elle-même.

Pour établir une station-service, compter plusieurs millions d'euros. Les frais de recharge d'un plein s'élèvent à 50 €. Le rendement de la chaîne « hydrogène » reste très faible à

25 %, c'est-à-dire inférieur à celui du moteur thermique. Donc cette filière provoque un réchauffement de la planète plus important. Elle nécessite trop de transformations. La voiture s'avère beaucoup plus complexe : un réservoir à haute pression de 250 kg, une pile à combustible, une batterie tampon, une électronique de puissance, un moteur électrique. Le prix de la pile à combustible coûte cher à cause de l'utilisation du platine. Des automobiles à 80 000 €, trop onéreuses pour être vendues sans une forte participation des contribuables. Enfin, elles n'ont aucune possibilité de se ravitailler seule à la maison. La propulsion à hydrogène restera un rêve idéologique pour encore longtemps.

L'intervention des États

Nous pouvons agir sur certaines variables, mais pas sur toutes. L'information et le degré de connaissance des décideurs manquent de bases scientifiques ; certaines mesures gouvernementales présentent des effets pires que si elles n'avaient pas été prises, à cause d'une incompréhension des mécanismes climatiques en jeu.

Électrifier 35 % du parc automobile implique de recharger régulièrement 15 millions de véhicules. Les voitures en France roulent en moyenne 14 000 km par an. Elles auront donc besoin de se recharger chaque jour de 7 kWh, pendant une heure. Soit une consommation totale annuelle de 40 TWh. À comparer au parc éolien français actuel, composé de 9 000 éoliennes à la puissance théorique de 18 GW, fonctionnant à sa puissance nominale un quart du temps seulement, faute de vent. La production éolienne annuelle s'élève à 40 TWh, publie Enedis ; les relevés présentent une modulation d'un facteur 4, d'une journée à l'autre.

Comment faire concorder les périodes de recharge, à la présence du vent ? Si nous souhaitons faire appel seulement à l'éolien, pour recharger ce pourcentage de voitures électriques, multiplier le parc existant par quatre s'avère-t-il suffisant ? 36 000 éoliennes supplémentaires à construire, en y ajoutant le renforcement du réseau électrique, et une utilisation de métaux rares. Nous regrettons des absences de vent plusieurs jours de suite sur toute l'Europe. Le concept de recharge aux heures creuses ne semble pas réaliste.

Le paysage français serait durablement enlaidi. Le coût de la transition, cet immense parc d'éoliennes ne turbinant qu'un quart du temps à sa puissance nominale, reviendrait à 4 % du PIB chaque année aux Français. Une vraie baisse du pouvoir d'achat, sans compter l'investissement difficile à évaluer. Les éoliennes tournent au ralenti tout l'hiver et nous rappellent ce caprice de riches.

Vous avez compris que cette démarche, obligeant les Français à se déplacer en voiture électrique, va inévitablement se terminer par la construction de nouvelles centrales à gaz, à défaut d'utiliser le nucléaire. Le coût de la transition serait alors réduit à 0,6 % du PIB chaque année, mais nous émettrons toujours autant de CO2 ! Une opération de communication pour rien, au détriment d'investissements plus bénéfiques, dans le stockage de l'énergie. La technologie manque de maturité. Laissons du temps à cette innovation. Le tout électrique, piloté par des centrales à gaz a démontré ses limites au Texas en février 2021. Soit les clients ont été privés de courant, soit ils ont payé la consommation des heures de pointe à des prix exorbitants. Récemment, les États unis viennent de décider de construire huit nouvelles centrales à gaz (10 GW) ; elles auront une durée de vie de 40 ans… Où sont leurs belles déclarations sur l'abandon immédiat des énergies fossiles ?

À vouloir intervenir dans ce débat sur les choix des énergies par la fiscalité (taxe carbone, Cspe), le gouvernement paupérise les Français ; ils paient plus cher leur approvisionnement énergétique. Ces décisions les entraînent sur des énergies à l'efficience beaucoup plus faible ; ces choix appauvrissent dans l'ensemble le pays, réduisent le pouvoir d'achat et donc accroissent les inégalités. Minorons-nous pour autant les émissions de CO2, l'objectif annoncé ? Depuis 25 ans, il n'a pas diminué.

Rien ne sert de faire croire que les utilisateurs d'énergie peuvent passer au tout électrique, quand la technologie demande une mise au point, sur le stockage et sur le transport.

Par ailleurs, elle impose une emprise au sol considérable. À forcer la décision par des mesures fiscales, le pays s'appauvrit. L'argent public des éoliennes aurait été mieux employé dans l'isolation des logements. Les surplus que procure l'efficience des énergies actuelles vont être stérilement consommés au lieu de s'investir sur les vrais besoins. La priorité absolue doit porter sur l'innovation dans le stockage et le transport de l'énergie électrique.

À dépenser nos marges de manœuvre sur une adaptation immature sur le plan technologique, nous réduisons encore plus la possibilité de réussir la transition écologique.

Capter les émissions de CO2 à la sortie des centrales à charbon présente un prix énergétique : le coût de la séquestration du CO2, 0,2 kWh/kg.

Nos politiques regardent comment créer des permis pour contourner les émissions de CO2 : la fameuse taxe carbone, pour vous dispenser de supprimer les émissions. Compenser c'est repousser les décisions à plus tard, au lieu d'agir. Penser que c'est plus facile chez le voisin de changer ses habitudes, alors qu'aucune réduction de CO2 n'a eu lieu dans la consommation des Français depuis 25 ans.

Un prix unique offre une incitation différente suivant les secteurs. À quel montant la taxe carbone devient-elle motivante pour les pollueurs ? Tout dépend de la source d'énergie et de l'usage :

- 45 $/t sur le charbon,
- 50 $/t pour le gaz (*les producteurs envisagent la séquestration du CO2*).
- 110 $/t pour que les énergies renouvelables deviennent compétitives (surcoût *3c/kWh*)
- 150 $/t, pour que ce soit visible sur les factures,
- 250 $/t, le baril augmente de 100 $ (*taxe carbone =montant global TVA*).
- 370 $/t, l'avion devient trop cher
- 500 $/t, un changement de vie s'impose (une *perte de pouvoir d'achat de 12 % à consommation inchangée).*
- 900 $/t, coût de la voiture trop chère.

Le conducteur automobile captif non frontalier ne peut acheter son essence qu'en France. Il est donc condamné à payer la taxe carbone. En revanche, ce n'est pas le cas de l'industrie, dont la production s'avère délocalisable dans un pays sans taxe carbone. Les émissions disparaissent « par magie » du bilan français — sans que le climat mondial s'en porte mieux pour autant. La France y perd des emplois et de la valeur ajoutée. L'impact sur les émissions planétaires de CO2 n'existe pas. Il se présente négatif si nous tenons compte du transport pour importer les marchandises.

Les crédits carbone reposent sur des conventions fragiles, loin de la réalité. Nous utilisons un réseau électrique unique. Annoncer la neutralité carbone en replantant des arbres sous nos latitudes ne contribue en rien au climat, quand dans le même temps nous continuons à abattre les forêts sous les tropiques, à l'effet beaucoup plus dévastateur. Nous habitons une seule planète.

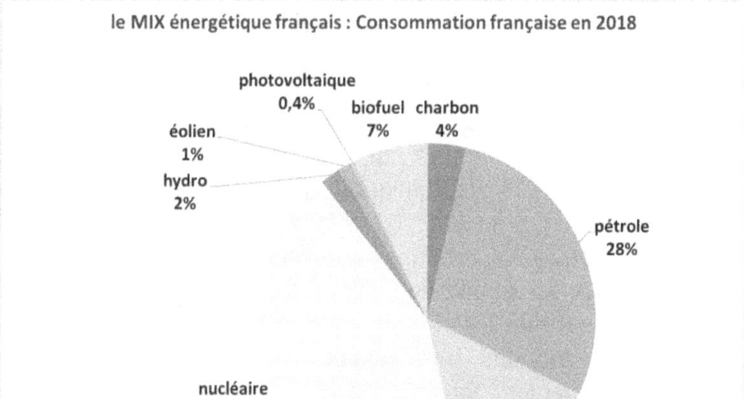

Figure 92. La consommation française d'énergie en 2018.

L'accroissement prévisionnel annuel de l'énergie anthropique mondiale de 1,1 % contribue d'autant à la température de la Terre. Cette hausse inévitable suit la courbe du PIB, même si nous arrivons à abaisser le rapport consommation/PIB de 1 % tous les ans. Nous devons bien sûr continuer cet effort. **Réduire les pertes de transport d'énergie, représente un tiers de la consommation énergétique.** Le mot d'ordre doit devenir sobriété et développement local. Et apprendre à stocker l'électricité.

En France, la volonté politique de limiter la portion du nucléaire à 50 % de la production d'électricité et accroître les énergies renouvelables à 30 % de l'usage, demande un investissement de 7 % du PIB. Une telle décision entraînerait une chute du PIB chaque année de 4 %, une fois la transition achevée. C'est le prix à payer pour l'utilisation d'énergies intermittentes, à l'efficience énergétique plus faible. 10 % de moins sur le revenu net perçu chaque mois pour tous les citoyens. Sommes-nous prêts à restreindre d'autant notre niveau de vie ? La révolte des gilets jaunes contre la fiscalité écologique, à l'automne 2018, manifeste la prise de conscience des sacrifices que nous demanderons à la population, pour contribuer à sauver la planète. Réduire le nucléaire est-il la priorité ? La décision appartient aux citoyens, après un choix éclairé sur les conséquences, dans une analyse-bénéfice-risque. En Europe, à l'espace disponible étroit, l'énergie atomique ne devient-elle pas aujourd'hui la seule source électrique possible ? En 2021, la transition écologique ponctionne déjà 1 % de pouvoir d'achat : 16 milliards d'euros. EDF est priée d'avancer la trésorerie, campagne présidentielle oblige.

La France se trompe de combat. Son action ne doit pas se limiter à supprimer les émissions de CO2, émissions faibles du point de vue mondial. En revanche, sa priorité doit se focaliser sur les véritables acteurs locaux du réchauffement : une urbanisation anarchique à base de matériaux inadaptés, le bétonnage des parkings de supermarché, l'imperméabilisation des sols, les toitures des zones industrielles. 1 % du territoire est artificialisé tous les 10 ans… En l'absence d'un bon diagnostic, les Français subiront une perte de niveau de vie, et pour finir une croissance régionale de température, supérieure à celle de la planète.

En résumé, aucune énergie n'est propre. Regardons les goulets d'étranglement : l'arrêt inévitable des gaz de schiste signera la diminution de l'énergie disponible dans le monde. L'espace accessible pour les énergies renouvelables dans les zones densifiées demeure faible. Les volumes abordables vont décider du type à utiliser. Doubler le parc d'éoliennes ne sera d'aucune pertinence, dans les périodes où le vent s'avère absent. Les énergies intermittentes, dans les régions de latitude élevée, ne peuvent fonctionner qu'accompagnées d'une source pilotable de substitution les trois quarts du temps. Nous devons alors choisir le complément d'énergie entre le gaz, le charbon ou l'énergie atomique.

Ce dernier reste compétitif pour stabiliser l'approvisionnement des pays, et donc l'économie. Nous avons créé des autorités de sûreté. Faisons-leur confiance. Remplacer le combustible nucléaire par du gaz va créer un effet d'éviction. Pétrole et gaz ne présentent que 3 mois de stock. Leurs prix vont de concert.

Veillons à ce que la construction des énergies nouvelles n'émette pas plus de CO2 qu'elles permettront d'en économiser, et qu'elles n'absorbent pas inutilement du capital au détriment du financement d'autres sources, plus efficientes. Les pays prêts à renoncer au nucléaire devront diminuer leur consommation, et leur niveau de vie.

Pour tous, le mot d'ordre doit devenir production locale et sobriété pour les carburants fossiles participant au réchauffement,

Il convient de donner de la visibilité aux opérateurs d'énergie. Aujourd'hui, ils attendent notre décision et n'investissent pas.

Conclusion :

Quelles actions ? Quels acteurs ?

Notre Terre est le fruit d'un passé, et de fluctuations liées à son histoire, dont nous voyons encore les variations. La nature a formé des quantités énormes de carbone et de méthane, qu'elle a piégées dans ses profondeurs, et à des niveaux hors de proportion au volume que l'homme peut créer. À tout instant, ces quantités peuvent être libérées, suivant la température de la Terre, l'éclairement solaire, le volcanisme ou d'autres phénomènes naturels ou anthropiques.

L'accroissement de la température du globe résulte aujourd'hui de l'activité de l'homme. Le principal paramètre, la déforestation contribue à la moitié du réchauffement à hauteur de 0,46 °C. Regarder le dérèglement climatique à travers le seul carbone, c'est utiliser des œillères. Le rôle des grands arbres dans le refroidissement de la planète s'avère plus important que celui du stockage de CO2. L'urgence absolue est d'arrêter le massacre de ce magnifique outil, vaporisateur d'eau, refroidisseur naturel des sols, capteur de carbone, promoteur de biodiversité, fertiliseur, protecteur des sols, dispensateur de fraîcheur et créateur de pluie… Ce serait folie pour l'humanité de dédaigner un complice aussi précieux que l'arbre. Mais une alliance véritable suppose que les deux parties soient respectées : nous devons comprendre en profondeur la nature et la logique de cet étrange partenaire. La diminution de la surface forestière menace notre planète. Les états souverains responsables régissent ces domaines publics. Comme à l'époque de la chute de Constantinople, les « experts » discutent du sexe des anges, en dissertant sur le carbone, au lieu de s'attaquer aux vraies causes du réchauffement. Il convient de replacer l'eau au cœur de la régulation du réchauffement climatique. La position qu'elle n'aurait jamais dû quitter. Ce n'est pas parce que l'eau revient à son point de départ après un long voyage dans les nuages et le ruissellement qu'elle ne joue pas un rôle primordial ; le cycle de l'eau s'affiche comme le maillon essentiel dans le transfert de la chaleur du sol vers le haut de l'atmosphère, et dans la stabilisation de la température.

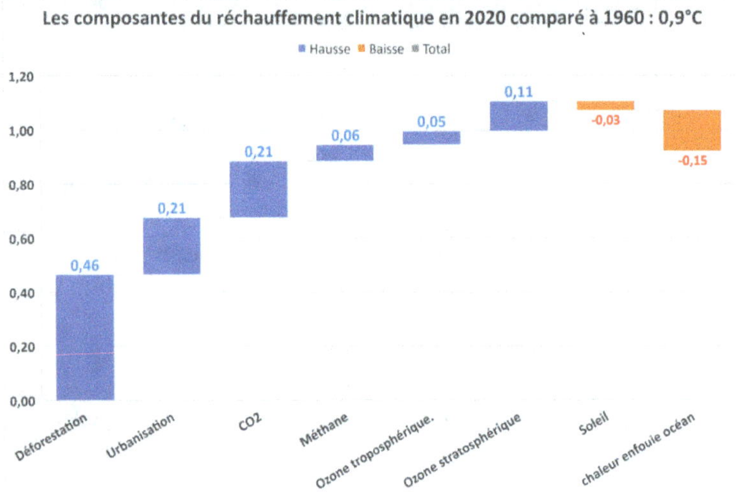

Figure 93. Les composantes du réchauffement depuis 1960.

La deuxième cause du réchauffement provient du développement anarchique de l'urbanisation, et son cortège de matériaux devenus néfastes. L'artificialisation des sols et de nos parkings, des toits en tôle ondulée parmi les pays à la démographie galopante, l'Inde, le Nigéria, l'Éthiopie nous rendent peu optimistes. La création de ces îlots de chaleur risque de perdurer. L'imperméabilisation des sols provoque une catastrophe thermique.

La teneur en CO2 de l'atmosphère est le troisième facteur, mais loin derrière les deux premiers. Ce surplus a une stabilité de 40 ans. Une proportion importante du taux de dioxyde de carbone présent dans l'atmosphère ne dépend pas directement de l'intervention humaine. Dans ce cas, les politiques de neutralité carbone n'entraîneront qu'une incidence à long terme sur le CO2 atmosphérique et donc aussi sur le climat. L'océan contient 5 000 fois plus de CO2 que les émissions annuelles anthropiques ; l'air en retient 200 fois plus. L'accroissement du CO2 atmosphérique est produit par l'homme. Les mers absorbent la chaleur due à l'effet de serre et l'enfouissent dans leurs profondeurs.

Finalement, depuis 1960, la contribution du CO2 dans l'atmosphère s'élève à 0,21 °C, soit moins d'un quart du réchauffement. L'augmentation du niveau de CO2 ne constitue pas un danger immédiat pour le climat de la planète et encore moins une menace imminente. Lutter contre le réchauffement climatique en réduisant uniquement le carbone ne peut donner que des désillusions. L'opération est vouée à l'échec. De plus, le carbone reste un paramètre secondaire comparé à la déforestation et à l'urbanisation. Par ailleurs, c'est vouloir vider la mer à l'aide d'une petite cuillère. Redéfinissons nos priorités. Le combat doit porter en priorité sur la température. Rien ne sert d'obtenir la neutralité carbone de nos émissions, si la température continue de monter, avec le déboisement et l'imperméabilisation des sols.

La bonne stratégie consiste à baisser l'utilisation des autres gaz à effet de serre ; cette action permettrait d'augmenter de manière immédiate le refroidissement de la Terre non seulement par les mers, mais aussi par les couches supérieures.

Nous sommes au fait de tous les phénomènes au-dessus de la surface des océans ; nous ignorons les événements naturels en dessous de leur surface. Par exemple le volcanisme sous-marin. Le réchauffement des mers résulte de l'histoire du siècle précédent. Les océanologues commencent tout juste à mesurer les 2 000 premiers mètres des mers grâce aux bouées du système ARGO/Jason. Mais seulement depuis 15 ans.

L'augmentation au niveau du sol de la température, son abaissement dans la stratosphère accroissent les phénomènes de convection et participent à une activité plus violente des manifestations atmosphériques.

L'inertie des océans peut laisser penser que la nature régule le réchauffement climatique. Le débat vif entre l'origine anthropique et l'origine naturelle des variations observées provient de la non-prise en compte de la très faible réactivité des océans et de certains composants gazeux comme l'ozone.

Elle s'exprime par la constatation de fluctuations dont l'origine date de dizaines d'années auparavant. La nature déterminera la valeur du réchauffement de 2050. L'homme n'y peut plus rien, même s'il voulait employer des moyens considérables. L'arrêt de toutes nos usines de tous nos transports au premier semestre 2020 l'a démontré. Nous aurions pu décider dans les années quatre-vingt, de laisser intacte la forêt tropicale, de choisir les bons matériaux pour construire ses villes. Des effets tampons conséquents mémorisent notre action. Le réchauffement en 2050 présentera seulement de petits écarts par rapport à l'estimation : des fluctuations naturelles peu prévisibles, dues au soleil ou aux mécanismes actuellement perceptibles en Arctique.

Nous pouvons publier, sans nous tromper, le montant des gaz à effet de serre des 20 prochaines années. Nous ne pouvons remplacer du jour au lendemain toutes nos sources d'énergie ou modifier l'inertie de l'océan. L'accroissement de la température est donc aussi écrit. L'échauffement des 20 années futures est acté. Impossible de le différer, même en utilisant des moyens gigantesques. Il s'élèvera à 1,5 °C de plus qu'en 1960 (1,7 °C de plus que le début de la révolution industrielle en 1880) si nous ne stoppons pas la déforestation tropicale dans les dix ans à venir.

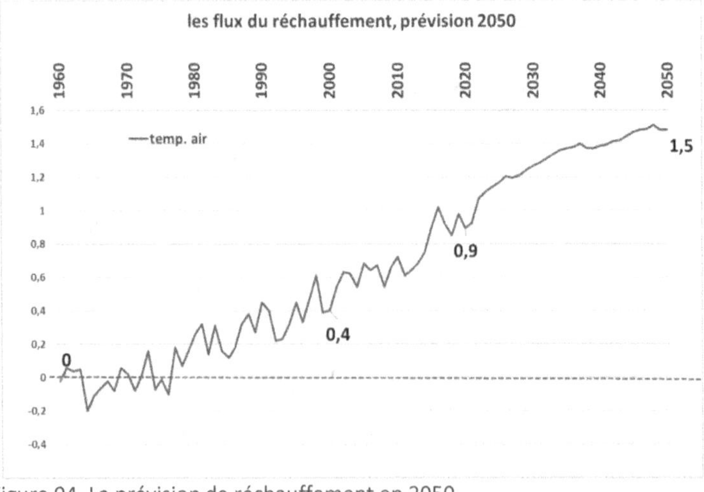

Figure 94. La prévision de réchauffement en 2050.

Toutes les décisions entreprises aujourd'hui ne porteront effet que bien au-delà, après 2050. Arrêtons de faire croire qu'existe une incertitude de 2 °C ou 4 °C suivant les modèles utilisés. Ces modèles ne représentent pas la réalité ; certains n'expliquent pas les 60 dernières années. Pour autant, il n'est pas trop tard pour intervenir. Élaborons le bon diagnostic et adoptons les bons choix, intégrant la variable temps, pour l'avenir de nos petits-enfants en 2070, sans que ce soit la passivité. Bien au contraire. Les décisions prises aujourd'hui ne verront leur effet qu'après 2050. Et puis autant devenir vertueux tout de suite. Plus nous allégerons la durée de la transition, moins elle coûtera cher. Établissons d'abord le bon diagnostic et décrivons en détail quelles actions entraînent quelles conséquences.

Certaines options a priori exemplaires augmentent le réchauffement. Nous devons identifier les priorités : continuer nos importations de soja et d'huile de palme, ou diminuer le réchauffement ? Confiner les aérosols ou réduire le réchauffement ? Interdire les HFC ou restreindre le réchauffement ? Limiter le nucléaire ou le réchauffement ? Remplacer Fessenheim par une centrale à gaz en Bretagne, ou abaisser notre consommation ?

Nous avons besoin de temps pour définir de nouvelles technologies comme la séquestration du CO2. Surtout, notre connaissance du fonctionnement de l'Arctique reste trop rudimentaire, faute de bonnes mesures. Des campagnes de relevés devraient devenir une des priorités, sinon la priorité.

Des interventions journalières éparpillées contradictoires sur le climat ne peuvent pas fournir la réponse satisfaisante. Des actions non coordonnées des pays dans un système mondialisé non plus.

Les concepts d'équivalent carbone ou équivalent de CO2 apportent plus de confusion que de clarification, car ils suppriment la notion de temps, dont nous avons besoin. Les gaz à effet de serre présentent des conséquences diverses et des durées de vie hétérogènes dans l'atmosphère ; ils proviennent de sources très différentes. La capacité de lutter contre leurs incidences reste très variable, facile ou très difficile. Compte tenu de la raréfaction de nos ressources à la suite de la crise sanitaire, mettons une priorité dans nos verdicts pour baisser le réchauffement. Alors que les experts évaluent le potentiel de réchauffement d'un gaz en équivalent CO2, tous les effets d'un arbre sur le climat devraient pouvoir être calculés en ressource de refroidissement global. Nous ne pouvons sauver le climat en coupant des arbres.

Prenons les bonnes décisions dont nous bénéficierons à court terme, et arrêtons de nous focaliser sur des interventions à long terme visibles dans 40 ans. Nous devons gagner du temps avant de disposer des ressources pour financer les engagements corrects à long terme trop onéreux ou dont nous ne possédons pas la technologie. Limiter le réchauffement, donner un vrai espoir à l'horizon 2070 ne peut s'obtenir que par certaines actions à faible effet tampon. La crédibilité d'une politique écologique s'effondrera si dans 30 ans, les citoyens ne discernent aucune amélioration. Cette politique ressemblera aux promesses communistes annonçant un avenir meilleur dans le futur, mais que personne ne percevait dans la vie quotidienne. N'oublions pas qu'une réduction de la température entraînerait immédiatement une stabilisation, voire une baisse de la teneur en CO2 de l'atmosphère.

Certes, le gaz carbonique augmente la température de 0,3° depuis un siècle, mais d'autres causes participent au réchauffement. En particulier le méthane, l'amplification de l'Arctique, le volcanisme sous-marin, la destruction de la couche d'ozone, la déforestation, l'urbanisation sans contrôle.

Faute d'un bon diagnostic, nous prenons des décisions souvent erronées. La priorité doit être affichée sur la sobriété énergétique et non sur l'abaissement du CO2. Le CO2 s'est toujours présenté comme l'ami de la vie ; ce n'est pas un poison. Lutter contre le CO2 n'est pas prioritaire ; ce combat revient à vouloir essayer de vider une baignoire à l'aide d'une petite cuillère, vu les quantités de carbone présentes dans les océans et sur terre.

Restons optimistes et ne plongeons pas dans le catastrophisme. La science et la technologie peuvent y remédier. Les alarmistes sombrent dans la décroissance et la misère. La paresse intellectuelle consiste à tout attribuer au réchauffement.

Conséquences, les actions les plus urgentes :

La lutte doit porter en priorité sur la déforestation tropicale, principal responsable du réchauffement climatique... Lutter contre le déboisement en Amazonie, en Indonésie, au Congo est une urgence. Veillons à ne pas transformer l'Amazonie en un nouveau Sahara. Un tel désastre serait sans retour. Cette action passe par l'arrêt brutal et immédiat des importations de soja et d'huile de palme. Les consommateurs français ne veulent pas payer les produits alimentaires plus chers, les exploitants ne souhaitent pas modifier leurs habitudes. Le poste de ministre de l'Agriculture devient le maroquin le plus difficile à tenir dans les 20 prochaines années. L'ampleur des reconversions à exécuter sur nos terres agricoles s'avère considérable. Les pays touchés par notre volte-face, importateurs de notre lait, arrêteront net leurs achats, par représailles.

La lutte doit concerner en priorité les îlots de chaleur dans les villes : créer des pistes cyclables au revêtement poreux, plutôt que subventionner sans raison des vélos électriques. Repenser la couleur de tous les bardages de toit, supprimer le bétonnage des parkings, d'une manière plus générale réduire l'imperméabilisation des sols.

La lutte doit porter en priorité sur le méthane. Elle pourrait donner des résultats immédiats et visibles d'autant que nous avons identifié les sources. Limiter les émanations de méthane doit devenir la priorité numéro un. C'est-à-dire l'aménagement des décharges et une intervention pour colmater les fuites de gaz, stopper l'extraction du gaz de schiste. (je doute que Biden le décide ; l'indépendance énergétique reste cruciale aux États-Unis).

Arrêter d'acheter en Asie des climatiseurs utilisateurs du **trifluorométhane HFC 22** ou HFC 23. C'est probablement le gaz qui contribue le plus au réchauffement. Il est venu en substitution des CFC, mais à une durée de vie de 12 500 ans et un pouvoir de réchauffement 228 fois supérieur au CO2.

La capacité des océans à digérer la chaleur de l'anomalie de l'Arctique présente une des inconnues. L'absorption est liée à la descente dans les eaux profondes de l'excès de chaleur accumulée à la surface, et donc la stabilité du gyre de Beaufort. Une autre énigme provient des volcans sous l'océan, en particulier dans l'Arctique et dans l'Antarctique seulement 3 % de la superficie des océans a été explorée et est maîtrisée. Nommer des ambassadeurs des pôles était plutôt une bonne idée. À condition que ceux-ci travaillent. Surtout, étudier le volcanisme près du Groenland et au pôle Sud est une urgence. Procéder à des mesures sous le niveau de la banquise. Et regarder aussi comment se déversent l'Atlantique et le Pacifique dans la mer de Barents. Nous y voyons une clé de l'amplitude d'un éventuel réchauffement climatique. **L'influence des pôles est mal comprise, par manque d'information, et faute de ne pas leur avoir donné un rôle prioritaire.** Résolvons ces deux points scientifiques, plutôt que de vouloir chercher des précisions inatteignables, dans des modèles mathématiques, compte tenu des incertitudes.

La transition énergétique coûte très cher. Nous n'avons pas les moyens de la payer : affichons les priorités, limitons la consommation. Admettre que les pays en développement consomment plus qu'aujourd'hui, se traduit inévitablement par une réduction du produit intérieur brut et de toutes ses composantes. Les populations accepteront-elles de baisser leur niveau de vie ? Il convient de procéder à des choix :

– La sobriété énergétique, l'isolation des maisons et l'usage de transports en commun sobres doivent s'affirmer comme des priorités.

– Remplacer la voiture à essence par un véhicule électrique ne changera rien à l'équation, si nous utilisons de l'énergie carbonée. Développons des transports en commun à faible consommation. Le soutien financier à l'achat de véhicule électrique représente un gaspillage substantiel de l'argent public. Se déplacer à vélo apporte de très grandes satisfactions personnelles : découverte de soi, partage entre amis, admiration du paysage. Circuler sur un vélo à assistance électrique ne représente pas un effort considérable. Pour nous donner bonne conscience, nous dirigeons les spots sur ces points-là, au lieu de les mettre sur les vrais problèmes énergivores.

Le secteur de l'électricité est le principal pourvoyeur de CO2 dans le monde. La priorité doit porter sur le remplacement du charbon, par les énergies renouvelables et le nucléaire. La houille est surtout utilisée en Chine et en Inde, mais aussi en Europe. L'action passe par une pression sur la Pologne afin qu'elle abandonne le charbon et sur l'Allemagne pour qu'elle renonce au lignite. L'Europe ne baisse pas ses émissions tant qu'elle accepte d'acheter à prix négatif de l'électricité produite par le lignite, à l'Allemagne ! **Définir une politique européenne réaliste de l'énergie devient une priorité.** Coordonner une réponse européenne aux consommations de pointe devrait être une priorité.

La Chine impose le tempo au réchauffement climatique. Vous voulez refuser à la Chine de bâtir deux centrales à charbon par semaine. Elle peut immédiatement répliquer par l'interdiction de l'exportation des terres rares. Sans terre rare, nous ne savons pas construire des éoliennes, des batteries, des panneaux solaires… aujourd'hui, nous les importons. Nous voilà donc pieds et poings liés à la Chine, faute d'indépendance énergétique.

La bulle des énergies renouvelables.

Nous avons atteint les limites des énergies renouvelables en Allemagne : les écologistes allemands ne souhaitent plus de parcs éoliens, de lignes à haute tension. Ils intentent des procès pour défendre les animaux ! Alors l'Allemagne licencie les travailleurs du secteur éolien (26 000 personnes récemment) ou vend ses éoliennes à La France.

Les centrales à charbon, utilisées à temps partiel, ne deviennent pas rentables et doivent être subventionnées, pour assurer la sécurité du réseau. Les écologistes ne veulent plus d'énergie issue de la biomasse, non plus. L'Allemagne aura dépensé 580 milliards d'euros d'ici 2029 pour payer son électricité plus cher sans réduire les émissions de carbone. Les énergies renouvelables ont été commercialisées comme la solution pour l'environnement. Parc solaire et parc éolien

exigent 500 fois plus de place que les parcs nucléaires. De plus, elles nécessitent des terres rares et des métaux lourds, extraits à grands frais sous la terre. Nous le savions dès le début. La France se lance dans une politique identique 15 ans plus tard. Bien que nous nous croyions plus malins que les Allemands, les causes identiques produiront les mêmes effets. Avec 20 ans de retard sur ses voisins, la France s'engage dans l'éolien en mer. Malheureusement, elle bénéficie de vents moins favorables et d'un plateau continental plus en profondeur. Ses futures installations, des éoliennes flottantes, seront donc beaucoup plus onéreuses. Nous sommes partie prenante d'un marché unique de l'électricité où les opérateurs achètent le moins-disant. Les Allemands vendront alors leur énergie éolienne moins cher avec des coûts amortis depuis une vingtaine d'années, et un vent plus favorable en mer du Nord. Certains partis politiques ont besoin d'une vision apocalyptique et d'une utopie pour exister. Le changement climatique s'avère le prétexte.
Malgré une matinée plutôt ensoleillée, mais très froide, en janvier, le parc solaire français ne fournit que 2 % de l'électricité totale ; l'éolien, affecté par un vent absent, seulement 1 %. La différence entre le potentiel des énergies renouvelables françaises et leur production effective, un jour sans vent et doté de peu de soleil, se révèle environ 17 fois moindre. Lorsque le vent s'abstient et le soleil reste discret, les éoliennes comme les panneaux solaires ne jouent pas leur rôle.

Notre société est basée sur les horaires, sur les rendez-vous ; nous serions très étonnés si les hôpitaux nous renvoyaient chez nous par manque d'énergie solaire, faute de capacité à la mettre en réserve. Mais dans ce cas, la tarification du photovoltaïque doit être définie par un prix de l'énergie emmagasinée, restituée. Le coût du stockage suit la quantité. Nous ne pouvons pomper qu'une seule fois dans les barrages pour remonter l'eau.

Personne au monde ne sait faire fonctionner un réseau électrique composé à plus de 60 % d'énergie nouvelle. Les opérateurs sont contraints de choisir le complément parmi le gaz, le charbon ou le nucléaire. La transition passe par l'énergie atomique pour nous donner le temps de stocker l'énergie propre ; ce que nous arriverons sûrement à obtenir dans 50 ans, mais pas à présent. Le nucléaire devient un amortisseur nécessaire.

Demain, décarboner plus sérieusement qu'aujourd'hui s'imposera : capturer, entreposer, extraire le CO_2 de l'atmosphère, mais au prix d'une consommation de beaucoup d'énergie. La société choisira si elle s'inscrit dans cette nouvelle économie, ou si elle s'abandonne aux mirages. Les plantes n'ont que huit ans de réserves de CO_2 devant elles. Dans quelques années, nous allons logiquement exporter du CO_2 sur la Lune, une action indispensable à la photosynthèse pour pouvoir cultiver des aliments. La Lune a laissé échapper son carbone, à cause d'une gravité trop faible. Surgiront inévitablement des manifestations opposées au départ du CO_2 terrestre, sous l'impulsion des mêmes personnes qui réclament le zéro carbone aujourd'hui.

Pourquoi en sommes-nous arrivés à de telles controverses ? Le climat se présente comme un sujet multidisciplinaire faisant appel à des connaissances dans de nombreux domaines. Très peu de chercheurs maîtrisent plus d'une ou deux de ces spécialités. Les scientifiques de différentes disciplines n'échangent pas entre eux. Les experts des modèles climatiques ne parlent pas à ceux de la forêt, à ceux de l'atmosphère, ou à ceux du recyclage de l'eau. Vouloir établir, d'un point de vue politique, une synthèse, de données techniques fragmentaires, est voué à l'échec. Seule une approche holistique peut y arriver. Quand vous supprimez une composante, le système vivant va compenser sur les autres.

Vous avez compris que l'avenir du réchauffement se passe entre les deux tropiques. Là où le soleil monte à la verticale. La déforestation entraîne des effets plus forts que sous nos latitudes. Les méfaits de l'urbanisation aussi. Les tôles ondulées des bidonvilles ressemblent à de véritables fours. L'utilisation du charbon, moins cher, reste présente pour de longues années. Toutes les régions ne produisent pas les mêmes revenus. Les nations émergentes disposent de peu de ressources pour modifier leurs modes de vie. L'aide des États avancés aux pays en développement profitera à la planète. Mais ceux-ci ne veulent pas renoncer à leur souveraineté pour satisfaire les exigences des objectifs climatiques. La négociation n'a pas eu lieu sur les vrais enjeux.

Seule une solution mondiale peut résoudre un problème planétaire.

Pour terminer sur une note optimiste, nous pouvons espérer inverser le réchauffement à deux conditions : les états tropicaux arrêtent totalement leur déboisement, les principales métropoles de la planète décident d'utiliser des matériaux perméables et captant moins de chaleur solaire. Seul le taux de CO2 continuerait de grimper au gré des émissions, mais sans le renfort de la température. Le réchauffement de notre globe se trouverait stoppé mondialement, voire renversé par le renouveau de la forêt tropicale et la capacité des villes d'absorber la pluie, sans la laisser ruisseler. La pédagogie nécessitera quelques années, une décennie.

L'occupation des sols demeure la variable principale du réchauffement. Là encore, la Chine apparaît à la manœuvre, sur l'achat du bois, du soja, des terres agricoles, en puisant dans les ressources naturelles des autres régions. C'est le seul État à définir une véritable politique. Sa politique.

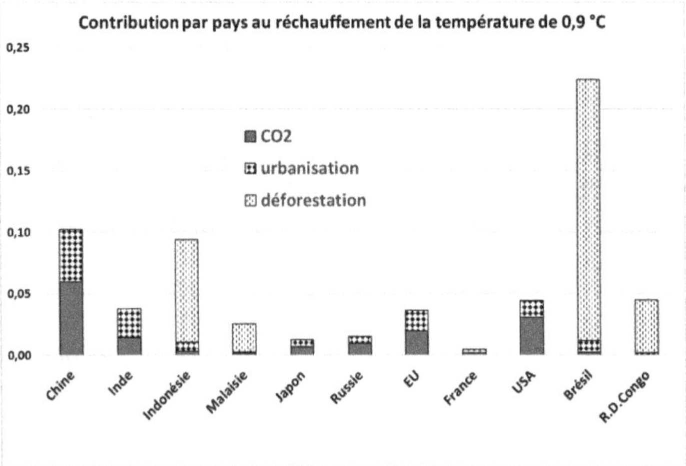

Figure 95. La contribution au réchauffement de la planète par pays.
La France participe à 0,5 % ; le Brésil à 25 % ; la Chine à 11 %

Après avoir minéralisé notre globe, nous sommes en train de minéraliser les esprits. Nous n'observons pas de consensus scientifique, ou de compromis politique.

Le GIEC a pour mission d'évaluer les informations d'ordre scientifique, nécessaires pour mieux comprendre les risques liés au réchauffement climatique d'origine humaine. Entreprendre des travaux de recherche n'est pas dans sa finalité, suivre l'évolution des variables climatologiques naturelles non plus. Établir un diagnostic correct en regardant exclusivement les fluctuations anthropiques est voué à l'échec. Les effets naturels compensent certaines influences anthropiques. En particulier, le GIEC s'est polarisé sur certains bloqueurs infrarouges sans percevoir les contreparties opérées par la nature. Libérons la pensée scientifique du carcan de la parole unique. La science a besoin de contradiction pour avancer.
Le GIEC feint d'ignorer le réchauffement induit aux tropiques dans les régions en développement, directement du fait de leur souveraineté, ou indirectement par le commerce international. Certaines interventions humaines participent au réchauffement en utilisant d'autres vecteurs que le CO2, et ce de manière de plus en plus évidente. Elles constituent une menace imminente. Le consensus politique ne peut servir de caution scientifique. La règle de l'unanimité entraîne que si un pays comme le Brésil ou l'Indonésie refuse que soit mentionnée la déforestation, le sujet est exclu des comptes rendus de la COP.

La lutte contre le réchauffement doit évoluer en une action mondiale coordonnée et non une obligation nationale à la charge des pays riches uniquement sur leur propre territoire. La tentation devient grande d'exporter les causes dans les régions en développement. La France exporte la moitié du réchauffement induit par sa consommation industrielle. Le dérèglement climatique prend place au niveau des tropiques, sous la souveraineté des pays pauvres. Le pire lieu pour l'opérer. Sans une prise de conscience rapide et objective, le réchauffement climatique passera inévitablement de 0,9 °C aujourd'hui à 1,7 °C en 2050.

La confusion vient de ce que le GIEC s'est nommé organisme expert. Vouloir subordonner l'action politique à un consensus scientifique est voué à l'échec. Le GIEC doit proposer des engagements politiques en réponse à des avis techniques contradictoires, et s'arrêter d'évaluer les publications scientifiques. En particulier, il doit apporter des réponses à des questions planétaires. Il doit obtenir de vrais compromis internationaux coordonnés, au besoin en demandant le financement exclusivement aux pays riches. L'accord de Montréal sur les CFC a montré que c'était possible. Que les chercheurs se concentrent sur la science et que le GIEC définisse la priorité des engagements à entreprendre par les nations, et le monde se portera mieux. L'attitude du GIEC induit en erreur les décisions énergétiques prises par les pays. À des fins d'intercomparaison des intervenants, en entrée des simulations informatiques, il impose d'utiliser des profils non représentatifs d'une planète profondément modifiée par l'homme. Pour obtenir des crédits, les laboratoires scientifiques sont obligés de satisfaire les exigences du GIEC. Un paradoxe : ils n'observent plus les changements graves de notre globe. L'adéquation aux mesures terrain, en particulier du sol, doit être privilégiée à la confrontation des modèles mathématiques entre eux.

Quand j'étais secrétaire de l'initiative intergouvernementale Eureka, ma responsabilité ne consistait pas à intervenir directement dans l'innovation de 37 pays européens, mais bien à inciter et à coordonner les propositions. Les plans stratégiques établis par les acteurs eux-mêmes définissent les objectifs de la recherche et l'innovation européenne intégrée dans une vision mondiale. Le GIEC par son attitude, stérilise la science, en bloquant toutes les opinions contraires à son orthodoxie. Son rôle doit rester la structuration des démarches les plus urgentes, où un consensus planétaire peut être obtenu.

Le monde entier est particulièrement endetté. Il doit s'orienter sur des actions prioritaires, coordonner et mettre exclusivement les ressources disponibles sur celles-là. L'échec politique provient de la difficulté de concilier des priorités divergentes (rapports de force entre États, intérêts industriels, besoins d'énergie des pays émergents). Concentrons-nous sur des sujets précis où tout le monde regarde dans la même direction pour obtenir des résultats tangibles rapidement. Arrêtons de laisser tout un chacun prendre des actions parcellaires contradictoires sans aucune conséquence visible dans le court terme.

Jamais l'accès aux informations climatiques ne se révèle aussi facile pour l'ensemble de nos contemporains, alors que cet accès était réservé uniquement aux privilégiés dont je fus partie quarante ans plus tôt. Aujourd'hui en quelques minutes, grâce à un bon moteur de recherche, tout le monde obtient les données climatiques sur n'importe quelle ville à la date voulue. L'éclairement solaire, la teneur en vapeur d'eau, la couche d'ozone, la couche de méthane, le CO2 deviennent disponibles... Et pourtant personne ne prend le temps de les interpréter ; nos concitoyens ne comprennent rien au réchauffement climatique, aveuglé par une pensée unique stérilisante. L'urgence s'impose d'ouvrir en grand les fenêtres et de remettre la science au milieu du village.

Merci à tous mes maîtres qui n'ont eu de cesse de me répéter : *« tes mesures de température par satellite, c'est bien. Nous, un seul paramètre nous intéresse : l'évaporation.* » Ils avaient tout compris au réchauffement climatique, 40 ans plus tôt.

Notre Terre ne se présente pas en si mauvais état que le disent les collapsologues. Néanmoins, il s'avère urgent d'adopter les bonnes solutions ; nous les avons énoncées plus haut.

Ne serait-il pas temps d'examiner le problème sous l'angle scientifique de préférence à politique, afin de prendre des mesures rationnelles et efficaces plutôt que d'acquiescer à la triste démagogie ? Puisse ce livre ouvrir la lutte contre le réchauffement, à une pluralité de solutions possibles.

Annexes

Glossaire

Acronyme ou nom	Signification
AMO	L'oscillation multidécennale de l'Atlantique
CFC	Chlorofluorocarbures
Clathrates	Cages de molécules enfermant un hydrate de méthane, dans les fonds marins
D.U.	L'Unité Dobson mesure la masse d'ozone d'une colonne d'air
El Niño	Désigne à l'origine un courant côtier saisonnier chaud au large du Pérou, apparaissant peu après Noël.
ENSO	Acronyme d'El Niño Southern Oscillation
EPR	Réacteur pressurisé européen, développé par Framatome et Siemens, utilisant de l'uranium enrichi à 5 %
FAO	Organisation des Nations unies pour l'alimentation et l'agriculture
GIEC	Groupe d'experts Intergouvernemental sur l'évolution du climat
HFC	Hydrofluorocarbure, gaz d'origine synthétique contenant des molécules de carbone, fluor, hydrogène, émis lors de la fabrication de gaz réfrigérants.
IEA	Agence internationale de l'énergie
Météosat	Satellite météorologique, placé sur une orbite géostationnaire
NOAA	Administration américaine chargée de l'observation des océans et de l'atmosphère
NOX	Oxydes d'azote
PDO	L'Oscillation Pacifique Décennale

ppm	Partie par million
Spot	Satellite d'observation de la Terre sur une orbite quasi polaire
TICPE	Taxe intérieure de consommation sur les produits énergétiques, principalement pétroliers

Liens utiles

Chapitre 2. Les anomalies de température mesurées : Les données HadCRUT 4 (sol) HAD SST3 (océan)
https://crudata.uea.ac.uk/cru/data/temperature/
Les données Nasa-NOAA :

https://data.giss.nasa.gov/gistemp/tabledata_v4/GLB.Ts+dSST.txt

Chapitre 4. Les mesures de CO2, à Mauna Loa
https://gml.noaa.gov/ccgg/trends/monthly.html

Chapitre 6. Les mesures de méthane
https://gml.noaa.gov/ccgg/trends_ch4/

Chapitre 7. L'éclairement solaire/mesures par le satellite TSIS
http://lasp.colorado.edu/data/tsis/tsi_data/tsis_tsi_L3_c24h_latest.txt

Chapitre 8. L'ozone
https://ozonewatch.gsfc.nasa.gov/statistics/annual_data.html

Chapitre 9. L'interface océan-atmosphère. Anomalie de température par zone de l'océan
https://www.ncdc.noaa.gov/cag/global/time-series/70.8,6/land_ocean/1/1/1880-2021
Enso 3-4 (el niño) https://psl.noaa.gov/enso/mei/
AMO https://psl.noaa.gov/data/correlation/amon.us.long.data

Chapitre 11. L'activité humaine
Les pertes forestières : https://rainforests.mongabay.com/

Chapitre 12. Les prévisions énergétiques
Site de l'IEA https://www.iea.org/reports/

Chapitre 13. Transition énergétique
Production électricité en France par source : https://www.rte-france.com/eco2mix/la-production-delectricite-par-filiere

Références

Chapitre 2. Du thermomètre au satellite

M. Vieillefosse, *Cartographie du bilan radiatif par Météosat*, annales des mines, avril 1980.

Chapitre 5. Convection et effet de serre

Rapport projetant les effets climatiques liés à l'augmentation du dioxyde de carbone : M.C. Mac Craken, F.M. Luther (Ed.) « *projecting the Climatic Effects of Increasing Carbon Dioxide* » US department of Energy, DoE/ER O237, déc. 1985, p 28.

La distribution de la pression et de la température atmosphérique suivant l'altitude : Feynman, *the Principles of Statistical Mechanics*,
(https://www.feynmanlectures.caltech.edu/I_40.html)

K.Ya. Kondratyev, *l'effet de serre* : *Radiative Heat exchange in the atmosphere Pergamon press,* 1965.

Une compilation des bandes d'émission et d'absorption de l'infrarouge dans l'atmosphère, mise à jour tous les deux ans. *The Hitran data base (hitran.org), 2020, Harvard Smithsonian Center, Cambridge.*

L'humidité relative de l'atmosphère, mesures par la NOAA : *NCEP Reanalysis Dataset, from Earth System Research Laboratory (ESRL) at NOAA*

Chapitre 7. L'éclairement solaire

Nathan Robinson, *Solar radiation*, Elsevier, 1966

Chapitre 9. Les océans

Jean Demangeot, *Les milieux naturels du globe*, Armand Colin, 2000

Chapitre 11. la déforestation, la nature des sols

500 scientifiques alertent : pour le climat, brûler du bois n'est pas une alternative à la combustion fossile, Le Monde, 11 février 2021, *Scientist letter to Biden, Von der Leyen, Michel, Suga & Moon, regarding Forest bioenergy.*

A Makarieva et al, Precipitation *of land versus distance from the ocean : evidence for a forest pump of atmospheric moisture…*
https://bioticregulation.ru/common/pdf/ecocom09.pdf

Tableau récapitulatif des émissivités en thermographie infrarouge
http://www.thethermograpiclibrary.org/index.php?title=Tableau_émissivités_en_thermographie

Chapitre 12. La transition climatique

Les prévisions énergétiques, site de l'IEA https://www.iea.org/reports/

Chapitre 13. Les énergies renouvelables

David JC MacKay, Sustainable Energy- without the hot air, 2009

Table des illustrations

Remerciements

Ce livre doit beaucoup aux ingénieurs et techniciens du CNES, au support des opérateurs informatiques pour la lecture des données satellites, aux scientifiques associés aux programmes d'observation de la Terre. En particulier, citons les opérateurs des radiomètres multispectraux B. Ledru, B. Cousin, « Monsieur » Suspène pour m'avoir appris à mesurer avec précision une température à 0,1 °C et l'humidité de l'air. Le couple Girard (M.C. et Christian) sur le rôle de l'évapotranspiration, le talent de Max Guy pour enseigner l'interprétation des photos infrarouges m'ont été précieux. Ma compréhension des pôles s'est enrichie des récits de l'explorateur J. L. Étienne, fabuleux conteur d'un vécu exceptionnel. L'inhospitalité des lieux nous incitait à lui fournir une balise de détresse par satellite et un service, parfaitement fiables, quelles que soient les conditions météorologiques.

J'ai eu l'énorme chance de bénéficier de discussions passionnantes avec les savants, les ingénieurs de la Nasa et ceux des centres spatiaux soviétiques. En particulier, j'ai profité avec grand bonheur de l'expérience concrète des vols Apollo de la part de mon interlocuteur lors de la mission 51G de la navette spatiale ; ses explications sur les comportements thermiques des satellites dans l'espace et sur les systèmes support-vie se sont révélées une véritable source d'enrichissement. Ma participation à des vols habités russe et américain depuis leur centre de contrôle m'a fait vivre en direct les problèmes d'éclairement solaire et d'évacuation de chaleur dans le vide spatial : les contrôleurs faisaient preuve d'une dextérité exceptionnelle à manipuler les pare-soleil et l'attitude des véhicules, pour éviter le gel ou l'ébullition des liquides contenus dans les réservoirs des satellites. Je remercie mes collègues étrangers de m'avoir accepté comme partenaire à part entière. Je dois aussi mentionner les discussions sur les expériences atmosphériques, pendant le vol du premier cosmonaute français, avec A. Koutchmy.

Seulement lors de l'écriture de ce livre, j'ai vraiment touché du bout du doigt l'immense importance que pouvait nous apporter l'étude des océans par satellite à notre compréhension du réchauffement climatique. Nous devons à Jean Claude Husson et Michel Lefebvre l'initialisation des outils dont nous disposons aujourd'hui, en particulier Topex-Poséidon, Jason et son successeur Sentinelle 6 (en couverture). Les systèmes d'observation et de mesure développés par Gérard Mégier nous ont permis de mieux connaître l'atmosphère.

Je remercie mes anciens directeurs du CNES : André Lebeau, Pierre Morel, Yves Sillard, Jean Claude Husson, Daniel Breton, Aymé Alouges. Ils m'ont fait confiance, et laissé la plus grande latitude, sans aucune restriction, dans l'utilisation des moyens informatiques les plus performants, l'accès aux données disponibles des satellites américains. La comparaison à la vérité terrain pour préparer la définition des premiers satellites d'observation du CNES s'est révélée particulièrement irremplaçable.

Nous devons rendre hommage au professeur Morel, pour sa clairvoyance à imposer le canal infrarouge sur le premier satellite Météosat, contre l'avis de beaucoup.

Je n'oublie pas mon épouse Monique, qui nous a malheureusement quittés. Son soutien moral s'avérait précieux ; parfois, elle venait m'épauler pour relever les températures, et participait à la vérité terrain, un peu partout dans le monde, quand sa profession le permettait.

Ma gratitude va à Régine Clanet et Monique Olga Chassin pour leur contribution. Elles ont rendu plus attrayant et moins austère ce document technique, avec l'œil de non-spécialistes.

Paris, Six-Fours, février 2022

Table des matières

Structures éditoriales du groupe L'Harmattan

L'Harmattan Italie
Via degli Artisti, 15
10124 Torino
harmattan.italia@gmail.com

L'Harmattan Hongrie
Kossuth l. u. 14-16.
1053 Budapest
harmattan@harmattan.hu

L'Harmattan Sénégal
10 VDN en face Mermoz
BP 45034 Dakar-Fann
senharmattan@gmail.com

L'Harmattan Cameroun
TSINGA/FECAFOOT
BP 11486 Yaoundé
inkoukam@gmail.com

L'Harmattan Burkina Faso
Achille Somé – tengnule@hotmail.fr

L'Harmattan Guinée
Almamya, rue KA 028 OKB Agency
BP 3470 Conakry
harmattanguinee@yahoo.fr

L'Harmattan RDC
185, avenue Nyangwe
Commune de Lingwala – Kinshasa
matangilamusadila@yahoo.fr

L'Harmattan Congo
67, boulevard Denis-Sassou-N'Guesso
BP 2874 Brazzaville
harmattan.congo@yahoo.fr

L'Harmattan Mali
ACI 2000 - Immeuble Mgr Jean Marie Cisse
Bureau 10
BP 145 Bamako-Mali
mali@harmattan.fr

L'Harmattan Togo
Djidjole – Lomé
Maison Amela
face EPP BATOME
ddamela@aol.com

L'Harmattan Côte d'Ivoire
Résidence Karl – Cité des Arts
Abidjan-Cocody
03 BP 1588 Abidjan
espace_harmattan.ci@hotmail.fr

Nos librairies en France

Librairie internationale
16, rue des Écoles
75005 Paris
librairie.internationale@harmattan.fr
01 40 46 79 11
www.librairieharmattan.com

Librairie des savoirs
21, rue des Écoles
75005 Paris
librairie.sh@harmattan.fr
01 46 34 13 71
www.librairieharmattansh.com

Librairie Le Lucernaire
53, rue Notre-Dame-des-Champs
75006 Paris
librairie@lucernaire.fr
01 42 22 67 13

www.ingramcontent.com/pod-product-compliance
Lightning Source LLC
LaVergne TN
LVHW010952061026
849535LV00006B/1689